移动应用开发系列规划教材

零基础图形化智能移动应用编程

——App Inventor 开发智能应用

王寅峰　主编

郑洪英　许志良　宣　茹　副主编

U0282778

电子工业出版社

Publishing House of Electronics Industry

北京·BEIJING

内 容 简 介

本书基于浏览器的可视化工具 MIT App Inventor 2 中文版软件，通过积木式模块化编程方式介绍移动应用程序开发的基本方法和技术。内容主要包括 App Inventor 简介、界面设计、逻辑与判断基础、基本程序设计思路、画布程序设计、游戏动手做、传感器与多媒体、数据库操作等，还包括进阶提升在源代码中进行开发的任务。每个任务都按"任务描述"—"开发前准备"—"任务操作"—"任务总结"—"自我实践"的结构组织。

未经许可，不得以任何方式复制或抄袭本书之部分或全部内容。

版权所有，侵权必究。

图书在版编目（CIP）数据

零基础图形化智能移动应用编程：App Inventor 开发智能应用/王寅峰主编. —北京：电子工业出版社，2019.7

ISBN 978 - 7 - 121 - 36817 - 2

Ⅰ. ①零… Ⅱ. ①王… Ⅲ. ①移动终端—应用程序—程序设计 Ⅳ. ①TN929.53

中国版本图书馆 CIP 数据核字（2019）第 111918 号

责任编辑：贺志洪（hzh@phei.com.cn）

印　　刷：北京虎彩文化传播有限公司
装　　订：北京虎彩文化传播有限公司
出版发行：电子工业出版社
　　　　　北京市海淀区万寿路 173 信箱　邮编 100036
开　　本：787×1092　1/16　印张：17.5　字数：448 千字
版　　次：2019 年 7 月第 1 版
印　　次：2023 年 2 月第 7 次印刷
定　　价：44.00 元

凡所购买电子工业出版社图书有缺损问题，请向购买书店调换。若书店售缺，请与本社发行部联系，联系及邮购电话：(010) 88254888，88258888。

质量投诉请发邮件至 zlts@phei.com.cn，盗版侵权举报请发邮件至 dbqq@phei.com.cn。

本书咨询联系方式：(010) 88254609，hzh@phei.com.cn，QQ6291419。

前　言

　　Android 已经成为世界上最受欢迎的智能手机系统之一，学习开发面向 Android 的移动应用，既能锻炼逻辑思维与开发能力，也能赢得大量粉丝。程序开发学习往往令人生畏，本书致力于让零基础编程的读者轻松、愉快地进入移动应用软件开发的大门。

　　本书选择了基于浏览器的编辑工具 MIT App Inventor 2 中文版，以可视化的积木式模块化编程，开发、部署手机 App 只需要几分钟。读者在用 App Inventor 进行开发时，自己就是导演和主角，通过布局页面设计剧本场景，并对各个角色充分描述可操作的属性，如图形、位置、定时器、声音、传感器、数据库等。当角色确定后，读者自然会考虑各个组件之间的关联，即 "导" 与 "演"；开发中的数据定义、过程方法、循环和变量、随机函数、逻辑条件、函数调用等，让角色动起来的元素都将展示出其效果。如随机数可以让 "打地鼠" 游戏中的地鼠随机出现在不同位置，而变量可以记录游戏分数，定时器可以让地鼠按照设想的时间出现，游戏的效果可以立刻在手机上体验。同学们下课后还常常热烈地讨论程序如何实现，学习变成了一种需要、一种渴求，同学们有了兴趣和主动性，教师自然也收获了成功。

　　本书以培养岗位职业能力为主线，按照典型任务组织知识点，并将知识融入任务情景。针对编程零基础的同学，全书分为 24 个任务，从读者已有的生活经验出发，亲身经历提出问题、分析问题并解决问题的过程；而每个解决问题的步骤均有详细的指导，在帮助大家掌握并应用编程基础知识的同时，为深入学习移动互联应用软件的开发做准备。

　　本书内容分为基础篇、实践篇、进阶篇和开发篇，主要包括 App Inventor 开发构成、逻辑与判断基础、基本程序设计思路、画布程序设计、游戏动手做、传感器与多媒体、数据库操作等，还准备了在源代码级进行定制化开发的实例。每个任务都按照 "学习目标—任务描述—开发前的准备工作—任务操作—任务小结—自我实践" 的结构组织，让学习者体验 "导 & 演" 活动。"任务描述" 时，要完整无误地描述（需求分析）；"开发前准备" 时，考虑布局的设计与切换（概要设计）；"任务操作" 时，在块编辑器中进行角色的分配与角色活动设置（接口定义），功能模块中的逻辑条件的选择、判断与循环的运用（详细设计），运行时的调试（编码与测试），自然而然地将软件工程的思想融会贯通，锻炼了项目管理的逻辑思维。

本书内容丰富，24 个案例任务可以独立完成，突出能力培养，易于提高编程能力。当读者用 App Inventor 开发时，激发创意进而设计原型系统，然后试验、检验是否可行；运行发现错误并及时修正（通常只有一个错误），分享给其他人并听取评价和意见，再次修改使其更完美。如同一条不断迭代上升的曲线，无形中应用了敏捷开发的思想。好主意、半成品、新想法、再完善、新作品……在不断重复的过程中，在不断地生成、解决问题的交互中获得成就感。作者在授课中发现同学们自觉地重复了过程，也更完美地实现了自己的作品。

本书由王寅峰担任主编，由郑洪英、许志良、宣茹担任副主编。在本书的编写过程中，得到了 Google 2014 年创新开发项目的支持，Google 中国教育合作项目部对本书编写中用到的资源给予了大力支持，特别向朱爱民先生和邓倩女士表示感谢。MIT App Inventor 负责人 Hal Abelson 教授和李伟华先生对书中案例的编写进行了指导，深圳信息职业技术学院软件技术专业 2014 级林冶锐、张钰涛、缪丽敏等同学对全书的实例和代码进行了细致的验证工作，在此对各位热心支持、帮助本书编写的领导、老师和同学们表示深深的感谢。

因作者水平有限，书中难免存在不足，欢迎读者提出宝贵意见。

作者联系方式：王寅峰　1597534579@qq.com

编　者

2019 年 6 月

目 录

进　阶　篇

开　发　篇

 **导语**　　　　Android 开发有你更精彩

发一条微博或微信就可以做成一门生意；一个应用可以集合一个群体；人们从陌生到熟悉，朋友圈与时间、地点及兴趣等各种维度聚合到一起；摇一摇、扫一扫、点一点，信息流通的渠道日益丰富；一部手机走（买）遍全球……这样的场景，十年前甚至五年前你能想象吗？

0.1　Android 来袭

当前，智能手机应用对各个领域由渗透变为革新，如过去那种依赖美食/电影杂志的专业推荐已经不复存在，来自人们分享的真实感受成为更实用的评价。智能手机、手机应用、社交媒体，让人们对就餐的真实分享变得不受阻碍，人们摇一摇手机就可以找到餐馆，扫一扫微信二维码就可以打折，传统的会员卡变成了存在手机上的虚拟卡片，移动互联网让人们的饮食消费决策变得立体而更精准。随着无线带宽越来越高，使得更多内容丰富的应用程序植入手机成为可能，如视频通话、视频点播、移动互联网冲浪、在线看书/听歌、内容分享等。为了实现这些需求，必须有一个好的开发平台来支持，由 Google（谷歌）公司发起的 OHA 联盟走在了业界的前列——2007 年 11 月推出了开放的 Android（安卓）平台（见图 0-1），任何公司及个人都可以免费获取源代码及开发 SDK。

图 0-1　Android 用甜点作为系统版本的代号

由于其开放性，Android 平台得到了业界广泛的支持，其中包括各大手机厂商和著名的移动运营商等。继 2008 年 9 月第一款基于 Android 平台的手机 G1 发布之后，小米、三星、Motorola、华为、中兴、宇龙、阿里等公司都陆续推出各自 Android 平台的手机。2014 年 Android 系统设备的总出货量为 11 亿，比 2013 年的 8.022 亿增长了 32%。这也导致了谷歌在全球移动操作系统的市场份额比例攀升至了 81.5%。根据市场分析公司

comScore 的最新报告，在最近的一个季度内（2014 年 11 月底—2015 年 2 月底），在移动设备操作系统方面，Android 系统则主宰着美国市场，市场占有率高达 52.8％。对于以创新的搜索引擎技术而一跃成为互联网巨头的 Google 公司，Android 操作系统是 Google 最具杀伤力的武器之一。苹果以其天才的创新，使得 iPhone 在全球迅速拥有了数千万的忠实"粉丝"，而 Android 作为第一个完整、开放、免费的手机平台，使开发者在为其开发程序时拥有更大的自由。与 Microsoft 推行 WS Mobile、Symbian 等厂商不同的是，Android 操作系统免费向开发人员提供，这样可节省 30％的成本，获得众多厂商与开发者的拥护。Android 系统进化非常迅速，从最初的触屏到现在的多点触摸，从普通的联系人到现在的数据同步，从简单的 GoogleMap 到现在的导航系统，从基本的网页浏览到现在的 HTML5，地图/导航、邮件、搜索、应用商店、即时消息、浏览甚至支付等重要应用，都被作为操作系统提供的必备功能而广泛内置，Android 技术已经逐渐稳定，而且功能越来越强大。此外，Android 平台不仅支持 Java、C、C＋＋等主流的编程语言，还支持 Ruby、Python 等脚本语言，这使得 Android 有着非常广泛的开发群体。

0.2　移动互联应用势不可挡

移动互联网作为一个新技术产业已经表现出巨大的影响力：发展速度远超摩尔定律的产业周期，纵向一体化的产业发展平台和生态体系，全产业链条——服务、终端、流量的爆炸性增长，不断向 ICT（信息和通信技术）其他领域延伸的技术和模式创新等，移动互联网几乎在所有行业均获得了应用，并且延伸的边界、发展的速度仍然保持加速态势。在短短的二三年中，所有没有主动适应移动互联网发展趋势的企业均被迅速淘汰或边缘化，新的市场格局和主导力量飞速形成并不断更替。移动互联网的发展已经深刻影响了整个信息产业的发展趋势与国际竞争。

移动互联网整合了互联网与移动通信技术，将各类网站及企业的大量信息及各种各样的应用业务引入到移动互联网中，为企业搭建了一个适合业务和管理需要的移动信息化应用平台，提供全方位、标准化、一站式的企业移动商务服务和电子商务解决方案。移动互联网是一个全国性的、以宽带 IP 为技术核心的，可同时提供话音、传真、数据、图像、多媒体等高品质交互应用服务的新一代开放的电信基础网络，是国家信息化建设的重要组成部分。移动互联技术的推进，是人们对信息即时采集、共享与互动需求发展的必然。

中国移动互联网的分化和差异越来越体现在用户的使用方式、应用体验、审美取向和价值理念上，这不仅有利于移动互联网本身的可持续发展，更有利于细化和明确中国移动互联网的传播价值，从而吸引更多行业的关注，加速移动互联网产业商业价值的变现（见

图 0-2）。

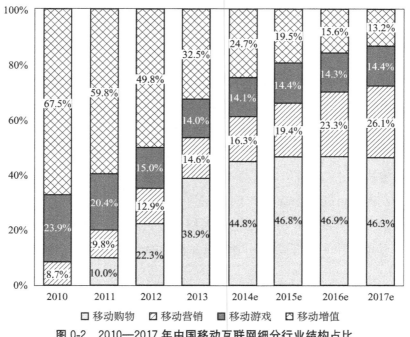

图 0-2 2010—2017 年中国移动互联网细分行业结构占比

手机电子商务在各细分行业中增幅最大，这主要受益于两方面原因：一是手机支付开始落地并获得大力推广；二是淘宝等电子商务平台积极投入手机版网页及客户端产品的布局，极大地提升用户移动交易量及活跃度。

移动互联应用作为满足移动环境中用户体验的最佳载体，其规模持续扩张，截至 2014 年 3 月，Apple App Store 下载次数累计超过 650 亿次，而 2014 年 7 月 Google Play 下载量已经超过 Apple App Store。移动互联应用的蓬勃发展促进了移动互联网业务的爆炸性增长，全球移动互联网用户已超过固定互联网用户达到 15 亿，在起步的 5 年内用户扩散速度是桌面互联网同阶段的 2 倍；App Store 在 6 个月内新增 1 亿活跃用户。2014 年我国智能手机出货量超过 2012 年之前历史上出货量总和，达 3.89 亿部，每三个中国人里就有两个人在使用智能手机等设备访问移动互联网，中国目前的移动互联网用户已达 8.75 亿人。移动互联应用发展的根本驱动力是用户需求：差异巨大的用户个性化需求，可自定义的智能化移动互联网应用需求使得智能操作系统成为手机标配，进而对硬件能力提出了更高要求，在可预见的 3～5 年内，随着智能手机普及率的继续提升，除保持操作界面流畅度，用户对 3D 游戏、高清视频等互动应用服务需求的释放，仍将继续推动智能终端软硬件的持续发展。

0.3　用 App Inventor 开发 Android 应用

App 开发是指专注于手机应用软件开发与服务，App 是 application 的缩写。不同于互联网，搜索不再是离智能手机用户最近的入口。互联网本质上可以看成机器的互联，所以使用时需要了解各种协议、平台，需要记住各种网址，最终搜索简化了信息查询的过程。而移动互联则是"以人为本"的体系模式，机器的"人性化"是移动互联网的本质特征。App 作为移动互联网的入口，专注于人的需求并且满足人的需要。随着人机交互、终端、网络及传感器等技术进一步升级，移动应用将进一步融入人们生活、学习、娱乐、健康等各个领域，开发提升用户在移动环境下体验的应用将成为移动互联企业常态化的竞争形式，快速迭代的在线产品研发与敏捷生命周期管理已经成为移动互联产业的开发模式，而掌握在核心移动应用平台开发各种增值服务技术的人才是促进移动互联网蓬勃发展的保证。

在 Android 平台，通常 App 开发一般采用 Java＋SDK＋Eclipse 的模式，需要具备 Java 语言的知识，能够 Debug 调试程序，这阻碍了很多具有创意却苦于没有经过编程训练的人开发 App。如果你刚开始学习编程，但又想进行 App 开发，怎么办呢？好消息，App Inventor 2 提供了一个简单易学的强大工具，可以迅速将想法变为现实！通过拖放图形化的组件和代码块，将这些代码放在一起，就得到了一个 App。你不必是一个专业的程序开发员，使用 App Inventor 就像搭积木玩游戏一样简单，谁都可以轻松创建一个 Android App。

App Inventor 是 Google 实验室的创新项目，在 2012 年 1 月 App Inventor 的服务转到了 MIT（麻省理工学院），现在项目主要由 MIT 移动学习中心负责维护，官方网站：http：//appinventor. mit. edu/，其 Logo 如图 0-3 所示。

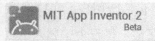

图 0-3　MIT App Inventor Logo

Google 曾在 Android 官网上表示："使用 App Inventor 的人不一定非要是专业的研发人员，甚至根本不需要掌握任何的程序编制知识。"

采用 App Inventor 开发智能手机应用的优点包括以下几条：

①无 Java 基础知识要求；

②无须编写代码，不需要记忆各种编程命令；

③全云端，所有作业都在浏览器完成；

④支持乐高机器人，更新快速；

⑤调试容易，在模块之间限定匹配，减少出现的语法错误。

其缺点主要有两个：

①相对熟练的编程人员而言，App Inventor 提供的功能相对简单，使用不够灵活；

②相同功能下，App Inventor 程序体积比 Java 开发的 Android 程序大。

用 App Inventor 开发智能手机应用的感觉是：零基础，无门槛，积木式，易上手，咔嗒一响就成功；组件多，功能强，出错少。

现在，让我们一起来熟悉 App Inventor 的开发环境吧。

0.4　App Inventor 三大作业模块

1. App Inventor 组件设计师

组件设计师主要完成界面设计，所有开发中需要的组件（可以相互调用的功能独立的基本功能模块），都可以通过将图 0-4 中①组件面板中的组件拖入②工作面板中，具有设置布局和③组件属性的功能。

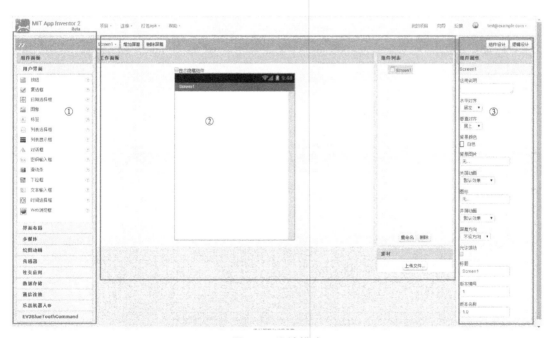

图 0-4　设计模式

2. 块编辑器

App Inventor 逻辑设计块编辑器通过点击"逻辑设计"按钮进入，主要功能是通过拼图的方式定义程序的执行动作，将程序的逻辑连接，通过不同属性方法定义组件与控制组件、逻辑组件等执行过程，进行逻辑设计。

如图 0-5 所示，①块编辑栏中具有所有能控制组件的代码块拼图，可以将其中的图块拼图拖到②工作面板中；如果不想要放在②中的图块了，可以拖入③中删除。

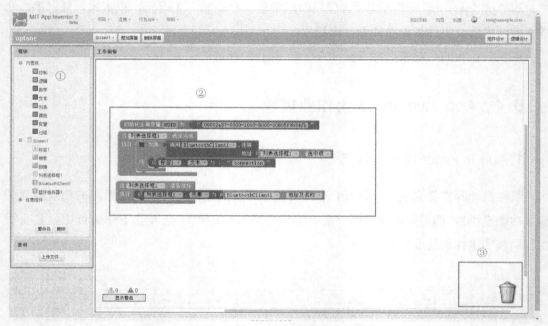

图 0-5　块编辑区

块编辑栏①中具有 3 个小分栏，分别为内置块，Screen1 和任意组件，见表 0-1。

表 0-1　块编辑器属性

内置块	
过程	主要用于定义一个变量
文本	文本及其操作，如合并两个文字，获得文字的长度
列表	创建和操作表格，用来储存资料
数学	数学功能，如随机数、大小比较
逻辑	逻辑功能是、否、非、和、或，用于判断
控制	条件判断、循环等功能
颜色	各种颜色值
Screen1	
拖入工作面板的组件名字	拖入工作面板中的组件都有自己的功能属性
任意组件	
使用任意组件（任意组件类型）	可以使用拖入工作面板中的任意组件，每个拖入工作面板的组件都有组件的属性，通过此来使用指定的组件

3. 模拟器

在连接并将应用下载到 Android 设备前，可用模拟器（见图 0-6）来进行测试。模拟器可以在块编辑器中，点击"连接"→"模拟器"命令，打开一个模拟器测试你的程序（如打开多个模拟器，则会有 5556 等编号），但模拟器在部分功能（如照相机、传感器、USB 连接）方面无法提供测试。

App Inventor 这三大组件——组件设计师、块编辑器和模拟器，可以看做使用了MVC 框架（见图 0-7）。MVC 全名是 Model View Controller，是模型（model）－视图（view）－控制器（controller）的缩写，它很好地实现了数据与表示的分离。该方法的优点是独立的业务逻辑尽量被聚集到一个部件里面（高内聚），因此界面、用户和数据的交互、新增改变和个性化定制都不需要重新编写业务逻辑；而传统的输入、处理和输出功能与表示的功能呈现低耦合的特性。组件设计可以看作模型为多个视图提供数据，逻辑设计则是控制器接收用户的输入并调用模型和视图完成用户的需求。当用户触摸屏幕时，控制器本身不输出任何东西和做任何处理，它只是接收请求并决定调用哪个模型构件去处理请求，然后确定用哪个视图来显示返回的数据，模拟器作为用户刷新并与之交互的界面是工作面板。

图 0-6　Android 模拟器

图 0-7　MVC 框架

MVC 的出现也是信息技术发展中一直追求的复杂性分离的具体体现。最开始的电脑编程就是硬件的编程，接着出现了软件与硬件，再后来实现了数据与控制逻辑的分离。在当前智能手机平台上，显示与计算的分离由于很好地利用了云的特性，而成为一种新的模式并被广泛接收，如 Apple 的 iCloud。

0.5　App Inventor 开发环境

App Inventor 的开发环境包含开发端（PC 端）的操作系统和开发端浏览器支持，而终端（手机端）可以用安卓手机或模拟器代替。

1. 电脑和操作系统要求（开发端）

- 苹果操作系统（英特尔处理器）：Mac OSX 10.5 或更高版本。
- Windows：Windows XP，Windows Vista，Windows 7，Windows 8.1。
- GNU / Linux：Ubuntu8 或更高版本，Debian5 或更高版本。

2. 浏览器要求（开发端）

- Mozilla FireFox 3.6 高版本；
- 苹果 Safari 5.0 或更高版本；
- 谷歌 Chrome 4.0 或更高版本；

需要注意，不支持 Microsoft IE（基于 IE 内核的浏览器都不支持）。

3. 终端（手机端）

- Android 2.3 或更高版本（仿真器需要打开开发者模式，运行的话可以安装 apk 的都可以）。
- PC 上的仿真器。

4. 安装 App Inventor

App Inventor 版本更新升级比较迅速，推荐使用在线开发模式，网址为 http：// app. gzjkw. net（注意，因使用 HTML5 特效因此暂不支持用 IE 浏览器登录使用），常用 chrome 浏览器进行访问，可以用 QQ 用户直接登录进行开发工作。这种云开发模式可以 做到一次编写，任意编辑，不受机器环境的限制。有时候受课堂网络访问外网的限制，我 们可以选择安装离线版，下载地址为 http：//app2. sziitjx. cn/。下载后，先解压安装包， 然后双击执行"App Inventor 汉化离线版安装程序 . exe"文件，保持默认的路径，就可以 生成 App Inventor 2 的中文离线版本（见图 0-8）。

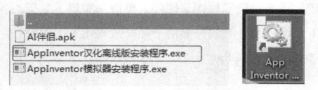

图 0-8　安装 App Inventor 中文离线测试版

安装完毕后，双击桌面上 App Inventor 离线版本图标 ，就可以看到打开了三个控 制台窗口如图 0-9 所示，接着在浏览器地址栏输入 http：//localhost：8888/，就可以打开开发界面，进行 Android 应用程序的开发了。

(a) Build Server Staring...——搭建及启动打包服务器，实现将开发者的应用打包成apk的功能；Dev Server Staring...—— 搭建及启动 App Inventor的服务器，开发者能够进入App Inventor的开发界面进行开发

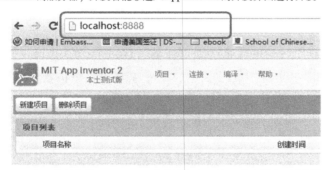

(b) 由于此版本的App Inventor为本地版本，并不需要联网，因此服务器都搭建在本地。localhost表示访问本地主机（即开发者自己的电脑），8888是App Inventor的访问端口。网址的意思是：访问本机端口为8888的应用

(c) 登录注册

(d) 登录App Inventor

图 0-9　打开 App Inventor 离线版本，登录 App Inventor

5. 安装模拟器

一个 App 开发完成，通常需要进行测试，有两种方法进行测试，一种是使用我们的

安卓手机，另一种就是使用模拟器了。通过双击图 0-8 中压缩文件夹中的安装文件"App Inventor 模拟器安装程序 .exe"文件，安装模拟器。安装完成后，双击桌面图标 aiStarter（见图 0-10），打开模拟器。注意，运行时必须保留控制台的界面。

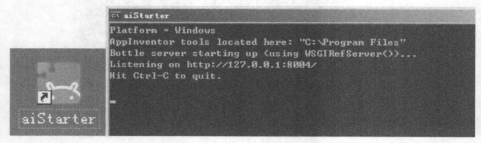

图 0-10　打开 App Inventor 模拟器

6. 模拟器升级

模拟器安装完成以后，可以通过浏览器的"连接"栏目选择"模拟器"进行 App 测试（见图 0-11）。如果一切正常，那么你的 App 就可以在模拟器中运行。

图 0-11　打开模拟器连接

如果出现如图 0-12 所示的错误提示，则说明你的模拟器需要升级。请按下面的步骤进行操作：

①确保模拟器正在运行。

②在模拟器中卸载 AI 伴侣，如图 0-13 所示。

③将图 0-8 的压缩文件夹中的 ai2. apk（新版 AI 伴侣）复制到以下目录：C：\ Program Files ＼ AppInventor ＼ commands-for-Appinventor（见图 0-14）。

　　④打开命令提示符窗口，进入安装目录 C：＼ Program Files ＼ AppInventor ＼ commands-for-Appinventor，输入相应命令 adb install ai2. apk，安装新的 AI 伴侣（见图 0-13）。

　　⑤再次连接模拟器，就可以利用模拟器调试了。

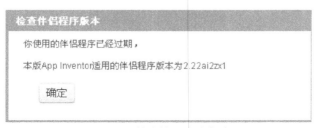

图 0-12　检查伴侣程序版本

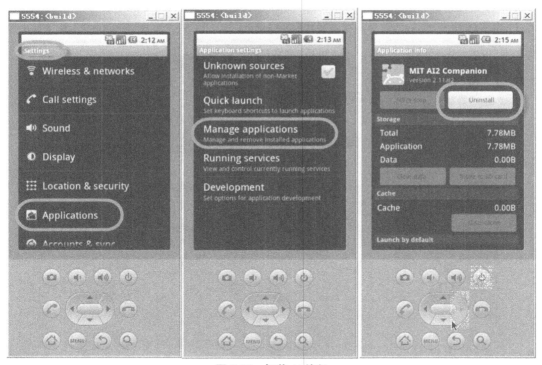

图 0-13　卸载 AI 伴侣

图 0-14　升级模拟器的命令

7. 调试

利用 App Inventor 开发完成一个 App 后，需要进行调试检测是否成功。App Inventor 提供了三种调试方法：①使用手机上的 AI 伴侣进行调试；②使用 PC 上的模拟器进行调试；③使用 USB 方式调试。以下分别介绍这三种调试方法。

（1）使用手机（AI 伴侣）进行调试

这是最简洁的方式，使用条件为：①有 Wi-Fi（如果是离线版本的，手机与 PC 需要在同一个网络内部）；②有设备（安卓手机或平板）。

可以通过无线来连接手机上的 AI 伴侣进行调试。AI 伴侣可以从手机 App 市场上下载（MIT AI Companion 2，或者 MIT AI 伴侣），下载安装后，启动 AI 伴侣，开发端通过点击浏览器开发界面上的"连接"→"AI 伴侣"命令①，输入六位编码或二维码连接服务器，自动下载开发的代码到手机上，如图 0-15 所示。

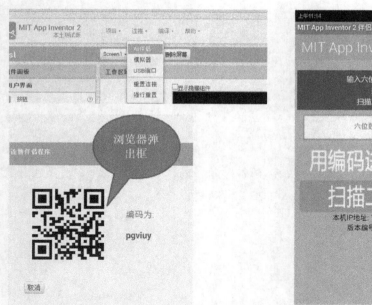

图 0-15　使用 AI 伴侣

（2）使用 PC 模拟器调试

如果没有无线网络，或者没有手机，可以使用本地 PC 的模拟器进行调试。首先需要启动 PC 上安装的 AI Starter，然后通过浏览器开发界面上的"连接"栏目选择"模拟器"打开模拟器，进行 App 测试。需要注意，使用模拟器测试的时候，某些功能无法实现，

---

① 注：该软件中涉及"点击"术语，全书统一将单击、点击操作为点击。

如各种传感器等。另外，启动模拟器的过程比较缓慢，请耐心等待，直到出现设计好的 App 界面。等待期间，请不要动手对模拟器界面进行任何操作。

（3）使用 USB 连接

如果没有 Wi-Fi，但是又希望能够测试手机上传感器的功能，可以尝试使用 USB 连接方式进行测试。使用条件为：①PC 上安装模拟器；②利用 USB 连接手机或平板（需要进入 USB 调试功能）；③手机上安装 AI 伴侣。通过点击"连接"→"USB 端口"命令，打开手机的 AI 伴侣来进行测试，如图 0-16 所示。

图 0-16　USB 连接方式

8. 生成 apk 运行

调试完成，就可以运行了。可以通过点击浏览器开发界面的"编译"（菜单的另一个名字可能是"打包 apk"）→"打包 apk 并显示二维码"命令，生成二维码并通过手机扫描二维码，直接下载到手机（注意：离线版本无法连接）；或者通过点击"打包 apk"→"打包 apk 并下载到电脑"命令①，然后传输到手机上运行，如图 0-17 所示。

图 0-17　下载生成的 apk 到手机

---

① 注释：本书尊重软件中的术语电脑，故将计算机、电脑术语统一为电脑。

基 础 篇

Hi，喵星人！

在电脑屏幕上输出"Hello World"这行字符串的程序，几乎是所有编程语言中一个典型的入门程序，它可以用来确定编译器、程序开发环境，以及运行环境是否安装妥当。这一传统可以追溯到 1970 年，由贝尔实验室成员布莱恩·柯林汉和里奇在《C 程序设计语言》（*The C Programming Language*）书籍中使用而广泛流传。

通过 App Inventor，即使开发最简单的 App 也不仅仅是打印出一行"Hello World"的消息。本任务将一步步地通过组件设计和逻辑设计来引导读者完成你的第一个 Android 应用程序——"Hi，喵星人！"。当你触摸手机屏幕中的"喵星人"时，它将发出"喵喵"的声音。新手上路，现在开始创建属于你自己的 Android App 吧。

🎯 学习目标

● 了解使用 App Inventor 开发安卓应用的基本流程；
● 掌握使用组件设计和逻辑设计；
● 掌握如何设定当一个按钮被点击时的事件。

👤 任务描述

创建一个以猫的图片（ketty.jpg）为背景的按钮，当你用手触摸屏幕中的"喵星人"图片时，你的手机将发出"喵喵"的声音，就如屏幕中的猫所发出的声音。

"Hi，喵星人！"应用程序的运行截图如图 1-1 所示。

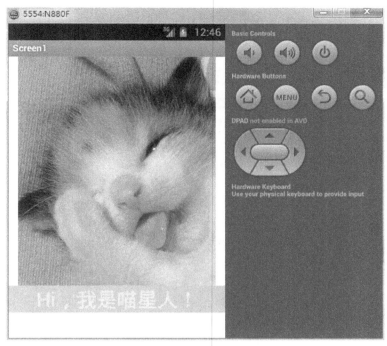

图 1-1　运行效果

开发前的准备工作

工欲善其事，必先利其器。在做每件事之前，我们都要先把要用到的资源准备好，这样做起事情来才会有条不紊，在程序开发中也是同样一个道理！

在上面的简单介绍中，我们可以看到，"Hi，喵星人！"应用仅使用了一张图片，如图 1-2 所示；既然要让"喵星人"发出"喵喵"的声音，所以还要准备一个猫叫声的音频（meow.mp3），如图 1-3 所示。

meow.mp3

图 1-2　ketty.jpg　　　　　图 1-3　meow.mp3

进入 App Inventor 的组件设计页面，通过点击页面右下"素材"窗格中的"上传文件"按钮来上传我们所准备的图片、音频资源到项目中，如图 1-4 所示。

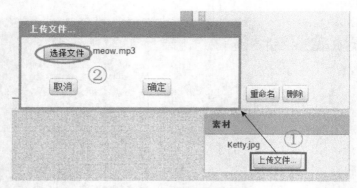

图 1-4　导入资源

🔧 任务操作

1. 创建你的第一个 Android 应用

通过开篇"导语"的学习，想必读者已经在自己电脑上搭建好 App Inventor 的开发环境，以及学会如何进入组件设计和逻辑设计。你准备好创建第一个安卓应用程序了吗？

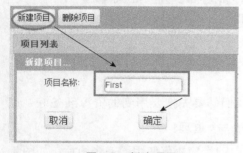

图 1-5　新建项目

首先，在浏览器中打开 MIT App Inventor 官网，通过之前申请的 Google 账号登录 App Inventor，登录后进入项目管理页面，点击"新建项目"按钮来创建你的第一个 Android 项目，在所弹出的对话框中输入你的项目名称如"First"，最后点击"确定"按钮，如图 1-5 所示（注意：项目名称只能由英文字母、数字及下画线组成）。

点击"确定"按钮后，网页将自动跳转到组件设计页面，如图 1-6 所示，代表你创建了一个 Android 项目。

图 1-6　新建的项目界面

2. 选择组件并设置组件属性

App Inventor 的所有组件位于页面左边项目标题下方的组件面板中。组件是你制作 Android 应用的基本元素，它们就好比药品配方里的成分一样。一些组件比较简单的，如一个标签组件，它只是用来在屏幕中显示文本内容；再如一个按钮组件，当你点击按钮时将会触发一个动作。

如果想在应用中使用一个组件，需要从组件面板中点击并拖动它到中间的工作面板中。下面，你需要一个按钮组件用来显示"喵星人"的图片，具体操作如下：

①从组件面板中拖动一个按钮组件到 Screen1 并将其命名为"按钮 pop"，如图 1-7 所示。

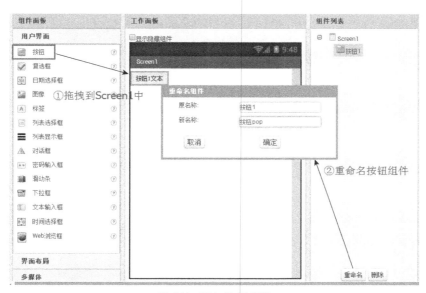

图 1-7　添加按钮组件

②此按钮要显示一张"喵星人"的图片，点击"按钮 pop 按钮"组件，在页面最右边的组件属性窗格中点击"图像"选择框，选择之前我们准备的"喵星人"（ketty.jpg）图片，如图 1-8 所示。

③接着改变按钮的文本属性。删除"按钮 1 文本"文本内容，使"按钮 pop"的文本属性为空，否则我们"喵星人"的按钮上会显示"按钮 1 文本"的字样。完成这一步骤后，组件设计显示，如图 1-9 所示。

④从用户界面拖曳一个标签组件到右边"喵星人"图片的下方，并设置其背景颜色为"灰色"，字号为 30，文本属性为"Hi，我是喵星人！"，文本对齐属性为"居中"，文本颜色为"黄色"，宽度为"充满"，如图 1-10 所示。

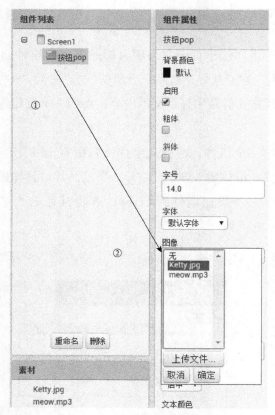

图 1-8　选择图片

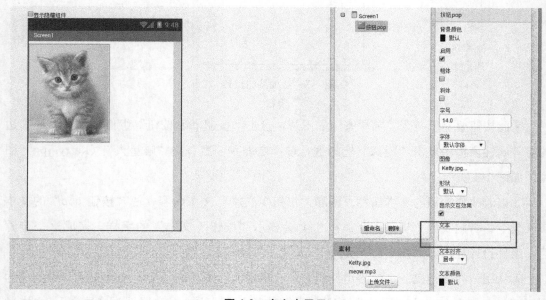

图 1-9　空文本显示

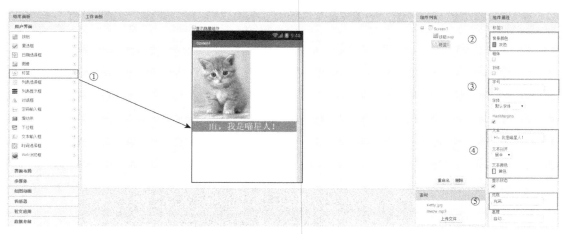

图 1-10   标签属性设置

⑤在组件面板窗格的下方选择多媒体抽屉，并从中拖曳一个音效组件到右边的工作面板中，然后设置它的源文件为我们之前上传的音频文件 meow. mp3，如图 1-11 所示。

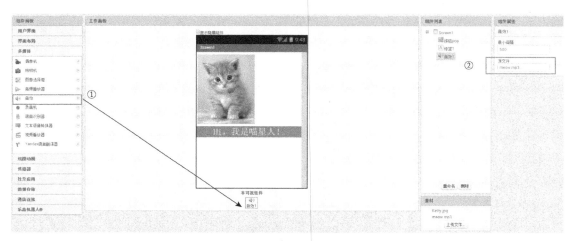

图 1-11   音效属性设置

3. 添加组件行为

到目前为止，已经在 Web 浏览器窗口中为"Hi，喵星人"应用设计好了布局，接下来要开始对所添加的组件添加一些行为，来使"喵星人"图片组件发出"喵喵"的叫声。点击右上方的"逻辑设计"按钮打开一个程序窗口，进入逻辑设计开始添加组件的行为。如果还无法打开逻辑设计，请回顾开篇"导语"中的内容。需要注意的是，组件设计在网页浏览器中运行，而逻辑设计却是在程序窗口中运行，如图 1-12 所示。

进入逻辑设计区后，在左侧可以看到刚刚在组件设计区添加（定义）的那些按钮、标

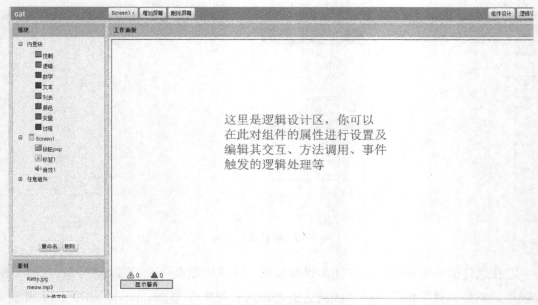

图 1-12　逻辑设计

签、音效等组件，如图 1-13 所示。

图 1-13　模块

之前我们用了一张很萌的猫咪图片填充按钮组件，现在要让它发出"喵喵喵"的叫声。首先点击左侧中的"按钮 pop"，会弹出很多关于按钮组件"按钮 pop"的方法块，我们拖动其中的 当按钮 pop. 被点击执行 块到右边的空白区，如图 1-14 所示。

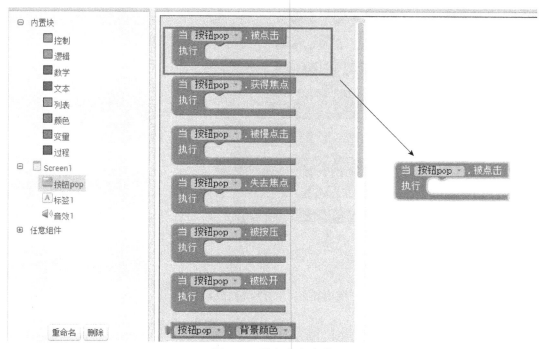

图 1-14　添加点击事件

上面棕色的方法块成为"事件处理块"，在事件处理块中可以实现各种程序完成针对一些特定的事件，例如，一个按钮被点击、手机被移动、用户在画布中滑动等的处理。

当按钮 pop. 被点击执行 块中的词"当"和"执行"表示的含义是：当"按钮 pop"按钮被点击时，要做的事情是什么。如现在要让猫咪发出之前所导入的音频文件（meow.mp3），这时要在 当按钮 pop. 被点击执行 块当中的 执行 缺口里面添加播放音频的行为，从左侧中的音效 1 抽屉中拖曳 调用音效 1. 播放 块到 当按钮 pop. 被点击执行 块的 执行 缺口中，如图 1-15 所示。

好了，现在开始运行一下你的"Hi，喵星人！"App 吧！点击左上方"连接"中的"模拟器"命令，创建运行一个虚拟的 Android 设备；或者在 USB 中选择一个已存在的 Android 设备，如图 1-16 所示。如果点击后小猫发出了叫声，恭喜！第一个 Android 智能应用开发成功了！

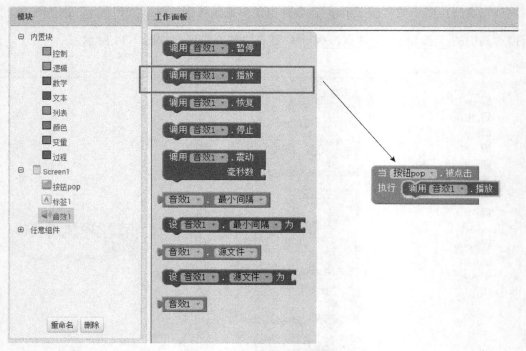

图 1-15　调用音效 1 播放音频

图 1-16　运行测试程序

 任务小结

希望读者通过本任务的学习，不仅掌握使用 App Inventor 开发 Android 应用程序的基本流程，还能产生对安卓应用程序开发的兴趣，尝试边设计、边制作。在整个程序的开发中，界面的简洁及逻辑思维的清晰非常重要。

自我实践

读者可以根据自己的兴趣在此应用的基础上进行功能增强，例如，请思考实现：

● 当点击按钮的时候手机发生震动；

● 摇晃手机后发出猫咪的叫声。

沟通是一个双向的过程，我们期望通过表达，以求思想达到一致和感情的通畅，沟通是我们日常生活中的一部分。以前沟通的方式是面对面，但在飞速前进的社会里，面对面沟通的机会越来越少。短信的出现让我们拥有一个良好的沟通平台。本任务学习如何通过 App Inventor 开发实现一个简单的信息发送程序。

🎯 学习目标

- 掌握 App Inventor 文本输入框组件的使用方法；
- 了解按钮组件的基本作用；
- 掌握短信收发器组件的相关使用方法；
- 掌握对话框组件的基本作用。

任务描述

"传情达意"应用的界面设计如图 2-1 所示，本程序的实际运行效果如图 2-2 所示，应用的基本程序流程如图 2-3 所示。其中，两个文本框功能是分别可输入电话号码和信息内容；按钮的功能是点击之后发送信息。

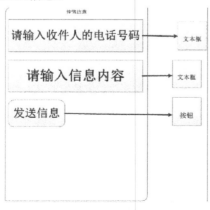

图 2-1　功能预览图

图 2-2　信息发送截图

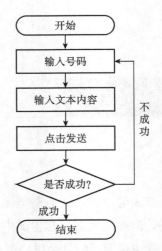

图 2-3　应用的基本程序流程

本任务实现流程中关键步骤如下：

①布局界面设计；

②实现收件人号码和文本的录入；

③实现消息的准确发送。

开发前的准备工作

1. 相关组件介绍

表 2-1 是开发任务时所需组件清单，通过这些组件可以实现我们的"发送信息"应用。

表 2-1　组件清单

组件	组件面板	用途
文本输入框	用户界面	①文本输入框组件可让接收使用者输入文字信息。 ②文本输入框组件的初始值或使用者输入的文字是由文本属性所决定的。可以使用文本属性来建议使用者应该输入的内容。文本属性会以颜色较淡的文字显示在文本输入框组件中。 ③文本输入框组件通常和按钮组件配合使用，使用者输入内容后按下按钮以执行之后的动作
按钮	用户界面	①按钮组件可在程序中设定特定的点击动作。 ②按钮可知道使用者是否正在按它。您可自由调整按钮的各种外观属性，或使用属性决定按钮是否可以被点击
短信收发器	社交应用	短信收发器组件主要用于让使用者收发信息。当呼叫 SendMessage 方法时，短信收发器组件会对 PhoneNumber 属性中所指定的电话号码发出一条信息，信息内容在 Message 属性中设定。除非我们将 ReceivingEnabled 属性设定为 false，否则短信收发器组件可以持续接收文字信息，当收到信息时，会呼叫 MessageReceived 事件并回应发售人号码及信息内容

续表

组件	组件面板	用途
对话框	用户界面	对话框组件是不可见的组件，用于显示各种警告及系统信息。对话框组件可以用来显示通知与警告，并显示系统信息 App 出错的作用

2. 布局界面设计

程序界面给用户接触应用的感觉直接影响应用程序的用户体验。因此，有效、合理的界面能够为程序增色不少。而布局就好比要建一栋房子，事先要把图纸画好，然后才能开始添砖加瓦，逐步完成。所以程序的界面布局往往是最先要确定的部分，然后根据布局将功能逐一实现。信息发送程序的布局轮廓如图 2-4 所示。

图 2-4　信息发送程序的布局轮廓

应用布局的设计流程如下：

①添加两个文本输入框组件，让其分别显示"请输入收件人号码"和"请输入信息内容"；

②添加一个按钮组件，以便于使用者点击发送信息；

③添加一个短信收发器组件可让使用者收发信息；

④添加一个对话框组件用于显示警告。

组件清单及其作用如表 2-2 所示。

表 2-2　组件清单及其作用

组件类型	调色板组	命名	作用
文本输入框	用户界面	文本输入框 _ 收件人号码	用于输入数字
文本输入框	用户界面	文本输入框 _ 信息内容	用于输入文字
按钮	用户界面	按钮 _ 发送	可在程序中设定特定的触碰动作，知道使用者是否点击发送信息
短信收发器	社交应用	短信收发器 1	用于让使用者收发信息
对话框	用户界面	对话框 1	用来显示警告

3. 信息准确、有效地发送

完成信息发送的整体布局，信息由于没有被驱动还并不能真正发送。要使信息能够准确、有效地发送，要用到表 2-3 中所示的相关 Block 组件。

表 2-3 Block 组件清单

Block 类型	抽屉	作用
当 短信收发器1 . 收到消息 数值 消息内容 执行	短信收发器 1	用于收到信息时呼叫本事件
调用 对话框1 . 显示消息对话框 消息 标题 按钮文本	对话框 1	用于弹出提示框的信息，直到使用者按下某按键后回应才会消失
取 消息内容	变量	显示提示框的信息
" you got message from: "	文本	提示信息"你有一条来自……的短信"
取 数值	变量	变量的数字
" OK "	文本	传递"OK"给调用程序
当 按钮_发送 . 被点击 执行	按钮 _ 发送	当点击按钮时，触发一个设定的事件处理
设 短信收发器1 . 电话号码 为	短信收发器 1	设置收件人号码
设 短信收发器1 . 短信 为		设置文本信息
调用 短信收发器1 . 发送消息	短信收发器 1	发送信息
文本输入框_收件人号码 . 文本	文本输入框 _ 收件人号码	接收信息
文本输入框_信息内容 . 文本	文本输入框 _ 信息内容	显示文字

任务操作

"菜"都准备好了，接下来我们根据"菜谱"将它们变成美味的佳肴，具体操作流程如下。

1. 接收功能编程

图 2-5 短信收发器 1. 收到信息模块

（1）打开逻辑设计的工作面板，将短信收发器 1 抽屉的模块拖到右边的空白编辑区，如图 2-5 所示。

（2）切换到模块面板，将对话框 1 抽屉中的 调用 对话框 1. 显示消息对话框 块拖动到右边的编辑区，如

图 2-6 所示。

图 2-6　通知对话框块

（3）将内置块抽屉中的变量块（之前定义的形参变量消息内容所返回的值）拖动到右边的编辑区，并将它拼接到上一步骤的 调用对话框 1. 显示消息对话框 块，以便显示一个信息提示框的功能，如图 2-7 所示。

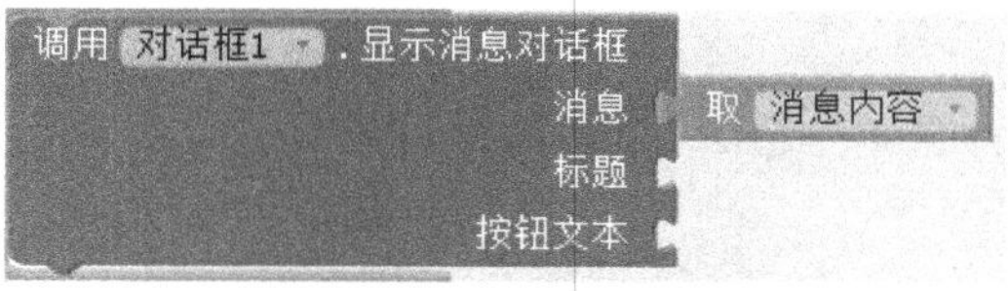

图 2-7　调用对话框 1. 显示消息对话框组件

（4）把上一步骤的 调用对话框 1. 显示消息对话框 块拖动拼接到 当短信收发器 1. 收到信息 块的执行缺口，如图 2-8 所示。

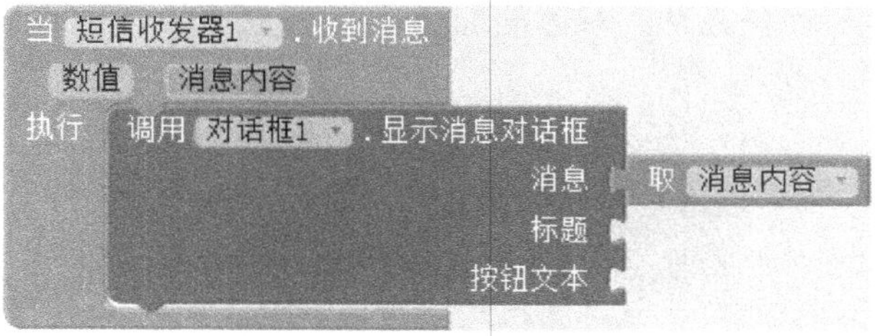

图 2-8　短信收发器 1. 收到信息组件

（5）选择模块面板，从文本抽屉中将 合并文本 块和文本块（输入 OK）拖动到右边的编辑区，如图 2-9 所示。

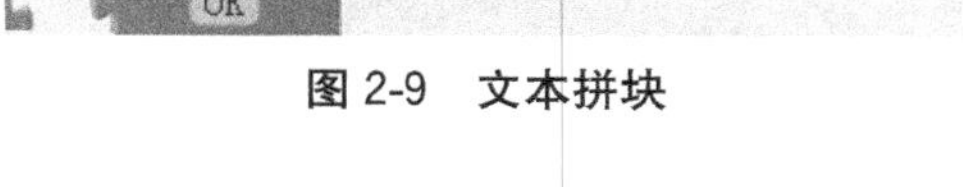

图 2-9　文本拼块

（6）最后将文本块拼接到 调用对话框 1. 显示消息对话框 块的标题、按钮文本缺口，实现当信息接收时触发事件，如图 2-10 所示。

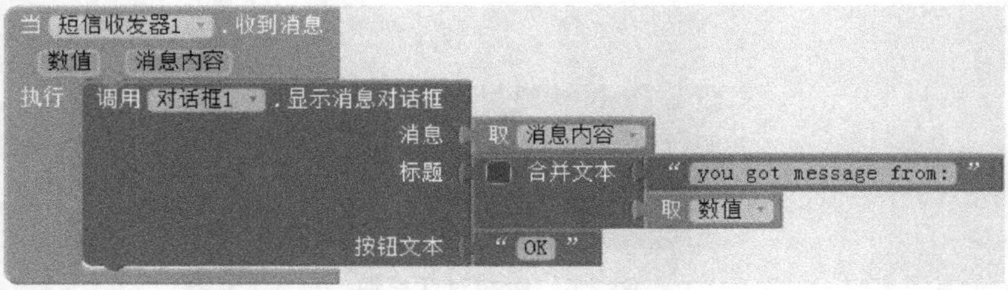

图 2-10　短信收发器 1. 收到信息组件

2. 信息发送功能编程

完成接收功能后，下一步实现信息发送的功能，具体操作步骤如下：

（1）打开模块面板，将按钮 _ 发送抽屉中的 当按钮 _ 发送.被点击 块拖动到右边的编辑区，以便触发特定的事件，如图 2-11 所示。

图 2-11　按钮 _ 发送 . 被点击组件

（2）打开模块面板，将短信收发器 1 抽屉中的 设短信收发器1.电话号码为 块和 设短信收发器1. 短信为 块拖动到右边的编辑区，其主要的作用是设置 Texting1 标签上显示的文字，如图 2-12 所示。

图 2-12 短信收发器 1 组件

（3）分别将文本输入框 _ 收件人号码和文本输入框 _ 信息内容抽屉中的 文本输入框 _ 收件人号码 . 文本 块和 文本输入框 _ 信息内容 . 文本 块拖动到右边的编辑区，并将它拼接到上一步骤的短信收发器 1 组件中，这时，短信收发器 1 组件就可以设置电话号码和信息，如图 2-13 所示。

图 2-13　文本输入框拼块

（4）要实现实时发送信息，需要增加一个点击发送信息的拼块，将 Texting1 的抽屉中将 调用短信收发器 1. 发送消息 块移到右边空白编辑处，如图 2-14 所示。

调用 短信收发器1 . 发送消息

图 2-14　短信收发器 1. 发送消息拼块

（5）接下来我们只要将前两个步骤（3）和（4）的拼块拖动到执行缺口处，便可以将第二个组件完成。点击后执行，把短信的电话号码及内容发送出去，如图 2-15 所示。

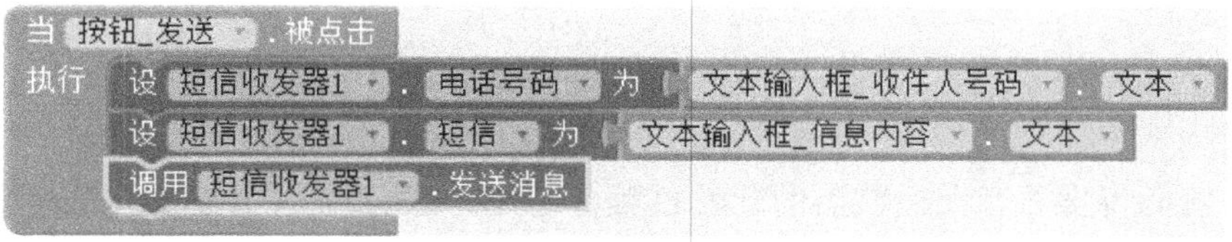

当 按钮_发送 . 被点击
执行　设 短信收发器1 . 电话号码 为 文本输入框_收件人号码 . 文本
　　　设 短信收发器1 . 短信 为 文本输入框_信息内容 . 文本
　　　调用 短信收发器1 . 发送消息

图 2-15　点击发送组件

本任务的完整代码块如图 2-16 所示。

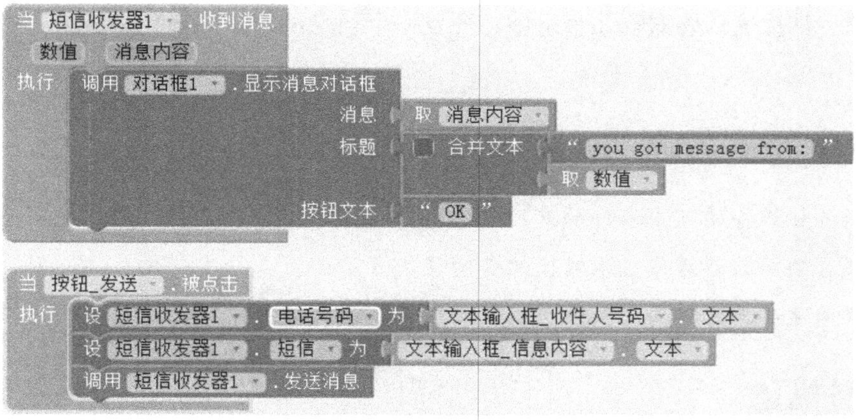

当 短信收发器1 . 收到消息
数值　消息内容
执行　调用 对话框1 . 显示消息对话框
　　　　　　　　消息　取 消息内容
　　　　　　　　标题　□ 合并文本 " you got message from: "
　　　　　　　　　　　　　　　　　　取 数值
　　　　　　　　按钮文本　" OK "

当 按钮_发送 . 被点击
执行　设 短信收发器1 . 电话号码 为 文本输入框_收件人号码 . 文本
　　　设 短信收发器1 . 短信 为 文本输入框_信息内容 . 文本
　　　调用 短信收发器1 . 发送消息

图 2-16　完整代码块

现在，我们完成了点击按钮发送信息的功能。点击编辑器右上方的"连接"→"模拟器"命令，打开 Android 设备测试一下吧！假如点击"发送信息"按钮，程序跳转出发送成功的画面，说明发送信息的功能正确。

 任务小结

本任务实现了一个简单的短信发送应用开发，学习如何使用 App Inventor 的文本组件、按钮组件、文本输入框的基本方法，以及了解对话框组件的基本作用。

自我实践

读者可以根据自己的兴趣在此应用的基础上进行功能增强，例如，实现短信群发。

任务 3　　　　　　　　　　　　　　　　　　　　**音乐播放器**

　　本任务我们将学习音乐播放器的开发过程，通过开发音乐播放器让我们了解如何通过音频播放器组件，实现对音乐媒体进行播放，在实际运用中音乐播放器可拓展为在线播放网页音乐和播放本地视频文件等功能。在本任务中我们将利用按钮，音频播放器、加速度传感器等几个组件，开发一个简易的音乐播放器。

🎯 学习目标

- 掌握按钮组件的点击事件的使用方法；
- 掌握音频播放器媒体音乐输出组件的使用方法；
- 了解加速度传感器摇晃换歌功能的原理及掌握其使用方法。

📇 任务描述

　　音乐播放器的界面设计如图 3-1 所示，界面预览如图 3-2 所示，逻辑图如图 3-3 所示。

图 3-1 中的按钮功能如下：

- 播放功能：点击"播放"按钮，开始播放音乐；
- 停止播放功能：点击"停止"按钮后，将当前播放的音乐停止；
- 播放下一首歌功能：点击"下一首"按钮，将把当前播放的音乐更换到下一首歌；
- 摇晃换歌功能：当摇晃设备时，开始播放音乐。

图 3-1　界面设计

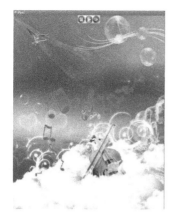

图 3-2 播放器界面预览

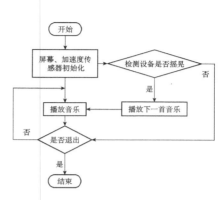

图 3-3 音乐播放器逻辑图

本任务实现的关键步骤如下：

①布局组件设计。

②点击"播放"按钮，播放音乐，执行 音频播放器．开始 方法。

③点击"下一首"按钮，将播放下一首音乐，同样调用 音频播放器．开始 方法。

④点击"停止"按钮，将当前播放的音乐停止，调用 音频播放器．停止 方法。

⑤当摇晃设备时，调用 加速度传感器．被摇晃 方法播放下一首音乐。

开发前的准备工作

需要自行准备 3 个音频文件，并命名为（参考示例）1.mp3、2.mp3、3.mp3，然后上传素材。

表 3-1 是整个应用所需的组件介绍，通过这些组件来实现我们的"音乐播放器"应用。

表 3-1 组件清单

组件	调色板组	用途
音频播放器	多媒体	音频播放器是一个媒体播放组件，音频播放器组件可以在组件设计或逻辑设计中添加或修改音频来源。在本例的应用程序中音频播放器组件是通过逻辑设计编译器的音频播放器．来源方法进行设定
按钮	用户面板	按钮组件可在程序中设定特定的点击动作。按钮可知道使用者是否正在按它。您可自由调整按钮的各种外观属性，或者使用属性决定按钮是否可以被点击
加速度传感器	传感器	加速度传感器是一个晃动传感器，当摇晃设备时将调用加速度传感器．被摇晃方法触发事件，在本例的应用程序中触发的是播放音乐事件
表格布局	界面布局	表格布局是一个布局排版的组件，运用组件可以让布局内的组件在一行中排成 4 个。而在界面布局面板中，还包含水平布局和垂直布局这两个组件，而这两个组件分别代表的是在同一行中可排成多个组件和在垂直中可排成多个组件。在本例的应用程序中运用了表格布局组件

任务操作

1. 布局组件设计

通过对图 3-2 中 App 界面的预览，了解"音乐播放器"的界面布局后，我们开始设计"音乐播放器"的 UI 界面。登录 App Inventor，开始新建一个项目并打开进入设计页面。

音乐播放器一共包含 4 个组件，它们分别是按钮、音频播放器、加速度传感器、表格布局。组件清单及属性设置见表 3-2，对应的资源图片可以根据自己的喜好进行选择。

表 3-2　组件清单

组件类型	调色板组	命名	属性设置	作用
按钮	用户界面	开始	设置图像为 q.jpg	用于调用音频播放器.开始方法播放音乐
按钮	用户界面	下一首	设置图像为 w.jpg	用于调用音频播放器.开始方法播放下一首音乐
按钮	用户界面	停止	设置图像为 z.jpg	用于调用音频播放器.停止方法停止播放音乐
音频播放器	用户界面	音频播放器 1	无	用于音乐的声音输出
表格布局	界面布局	表格布局 1	属性设置列数和行数分别为 3 和 2	用于布局的排版，使组件整齐布局
加速度传感器	传感器	加速度传感器 1	无	摇晃设备时，将播放音乐

根据上面的组件清单，通过从 Palette（调色板）中拖曳对应组件到 Viewer（浏览器）创建应用组件，并对其进行相关的属性设置。参考实现如图 3-4 所示。

2. 组件的行为添加

"音乐播放器"的交互界面（UI）虽已完成，但还并不具备音乐播放功能，点击右上方的"逻辑设计"块编辑器对所有组件进行相关行为动作的添加，以实现音乐播放要求的功能。

（1）音乐播放功能

通过点击"播放"按钮播放音乐文件，所需的 Blocks 及其作用如表 3-3 所示。

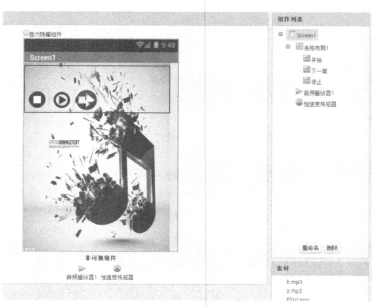

图 3-4　布局轮廓设计

表 3-3　组件清单

清单	Block 类型	处理逻辑	作用
组件清单	当 开始 . 被点击 执行	调用 音频播放器1 . 开始	调用音频播放器 1，开始播放音乐，对当前音频播放器设置的源文件进行播放
	当 Screen1 . 初始化 执行	设 global 歌曲序号 为 取 global 歌曲序号 调用 设置音乐源文件	在屏幕显示时，首先执行这部分代码块（优先度为最高），并设置音频播放器的音频为 1.mp3
变量	初始化全局变量 我的变量 为 内置块－变量	初始化全局变量 歌曲序号 为 1	设置音频播放器的播放歌曲文件从第一首（1.mp3）文件开始
	0 内置块－数学	初始化全局变量 歌曲序号 为 1	把 0 改为 1，设置音频播放器的播放歌曲文件从第一首（1.mp3）文件开始
屏幕初始化	当 Screen1 . 初始化 执行	当 Screen1 . 初始化 执行 设 global 歌曲序号 为 取 global 歌曲序号 调用 设置音乐源文件	在屏幕显示时，首先执行这部分代码块（优先度为最高）。并设置音频播放器的音频为 1.mp3

续表

清单	Block 类型	处理逻辑	作用
过程	定义过程 我的过程 执行语句 内置块—过程		将一系列的代码块集中起来，将一些需要重复用到的代码变成一个集合，当需要用到重复的事件，只需调用这个集合，这样做可以简化代码
	调用 设置音乐源文件 内置块—过程		当我们需要设置一个音频的文件的时候，只需要调用刚才声明的那个"设置音乐源文件"过程，这样就可以简化代码，不用再拖拉过程中的那些代码块
	如果 则 内置块—控制		判断下一首音乐源文件的序号是否大于当前已经上传的音频文件的总数，如果大于当前歌曲的总数，那么将会从第一首歌曲开始播放
	合并文本 内置块—文本		现在有的音频文件为 1. mp3、2. mp3、3. mp3 三个文件，其中文件序号是会变的，而扩展名（. mp3）是不变的，如果我们改变序号，需要把（1、2、3）＋. mp3，这样就可以组成 3 个文件的名称
	" " 内置块—文本	合并文本 " .mp3"	用于输入文件固定的扩展名

通过上面表中内容了解所要用到的 Blocks 及其作用后，整体效果图如图 3-5 所示。

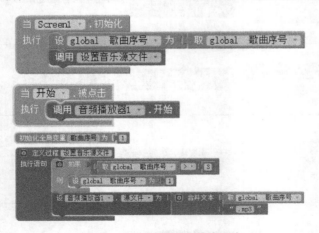

图 3-5　屏幕初始化与播放组件

（2）下一首音乐播放功能

我们完成了播放按钮功能，接下来要实现"下一首"音乐播放功能，所需的组件

（Blocks）如表 3-4 所示。

表 3-4　组件清单

Block 类型	处理逻辑	作用
当 下一首 .被点击 执行	设 global 歌曲序号 为 取 global 歌曲序号 + 1	设置下一首歌曲的序号为当前的文件序号+1
	调用 设置音乐源文件	对当前音频播放器设置的源文件名称（当前歌曲序号.mp3）
	调用 音频播放器1 .开始	调用音频播放器1，开始播放音乐

（3）停止播放功能

要实现停止播放功能，所需的组件清单如表 3-5 所示。

表 3-5　组件清单

Block 类型	处理逻辑	作用
当 停止 .被点击 执行	调用 音频播放器1 .停止	调用音频播放器1.停止方法对音乐停止播放

根据上面的 Block 清单进行拖曳拼接，拼接后的整体效果图如图 3-6 所示。

图 3-6　Button1. Click

（4）摇晃换歌功能

通过计算手机移动的速度，当速度达到某个值即判断为摇晃，一般要计算出手机移动距离与时间，通过 App Inventor，我们直接调用加速度传感器即可实现摇晃换歌功能，所需的组件清单如表 3-6 所示。

表 3-6　组件清单

Block 类型	处理逻辑	作用
当 加速度传感器 .被晃动 执行	设 global 歌曲序号 为 取 global 歌曲序号 + 1	设置下一首歌曲的序号为当前序号+1
	调用 设置音乐源文件	对当前音频播放器设置的源文件名称（当前歌曲序号.mp3）
	调用 音频播放器1 .开始	调用音频播放器1，开始播放音乐

完整的摇晃换歌组件整体效果图如图 3-7 所示。

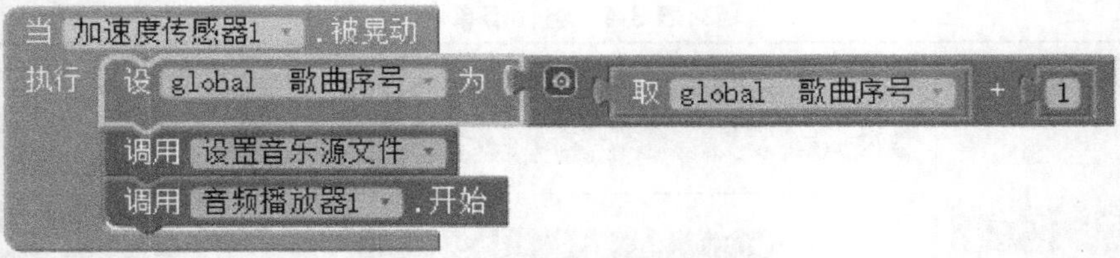

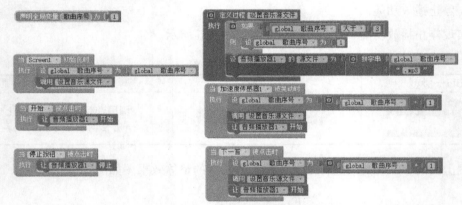

图 3-7　利用加速度传感器换歌

（5）整体代码块

现在，可以运行的音乐播放器整体效果参考实现如图 3-8 所示。

图 3-8　整体效果图

任务小结

本任务实现了一个简易的"音乐播放器"应用开发，知识清单如下：

● 利用播放按钮对音乐进行播放，调用了音频播放器 . 开始方法；

● 利用加速度传感器组件，实现摇晃换歌功能；

● 利用音频播放器组件将媒体文件进行声音输出，以方便按钮调用其方法。

自我实践

各位同学，我们已经实现了摇晃换歌，请大家想想如何做到播放器皮肤可更换，以具备多种可视化效果？

计算器

常见的计算器一般是手持式计算器，便于携带，使用也较方便，但功能较简单。而软件形式的计算器能在 PC 电脑或者智能手机、平板电脑上使用。不仅功能多，还可以通过软件升级进行扩展。随着平板与智能手机的普及，软件形式的计算器的应用越来越多。我们在这个任务中将实现计算的求平均值、求和、求乘、求减，以及数据全部重置等功能，不仅可以帮助我们了解计算器的功能结构，而且在实际应用中该计算器可以用于计算商

品的总价和估计准备购买的物品的可接受的价格等，和手持式计算器一样方便。

学习目标

- 掌握按钮组件的点击事件的使用方法；
- 掌握如何让数字按钮将数字输入并用标签组件显示的使用方法；
- 了解赋值运算的作用及掌握其使用方法。

任务描述

如图 4-1 所示，"计算器"应用需要实现以下功能：

- 数字显示功能：点击数字按钮，会将对应的数值输入到标签组件中。
- 加、减、乘、除运算符号赋值功能：当输入一个数值后，点击"＋""－""＊""÷"任意一个按钮后，再输入另一个，将进行赋值运算。
- 撤销功能：点击"C"按钮会，会将标签显示的数据进行清除。
- 计算功能：点击"＝"按钮后，将会调用赋值计算功能。

开发前的准备工作

1. 相关组件介绍

表 4-1 是整个程序中所需的组件，通过这些组件来实现我们的"计算器"应用。

表 4-1　组件清单

组件	组件面板组	用途
标签显示数字	用户界面	标签是一个文字显示的组件，标签组件可显示在其文本属性中所指定的文字。也可以在组件设计或逻辑设计中来调整文字的各种设定。在本例的应用程序中标签组件是通过逻辑设计编译器的 global 赋值方法进行设定的
按钮	用户界面	按钮组件可在程序中设定特定的点击动作。按钮可知道使用者是否正在按它。您可自由调整按钮的各种外观属性，或者使用启用属性决定按钮是否可以被点击
表格布局	界面布局	表格布局是一个布局排版的组件，运用组件将可以让布局内的组件在一行中排成 4 个。而在界面布局面板中，还包含水平布局和垂直布局这两个组件，而这两个组件分别代表的是在同一行中可排成 2 个组件和在垂直中可排成 2 个组件。在本例的应用程序中运用了表格布局组件

2. 布局组件设计

我们设计的"计算器"App 的界面设计可参考图 4-1 与图 4-2，计算器逻辑图如图 4-3 所示。

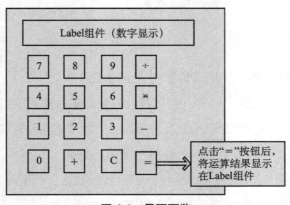

图 4-1　界面预览

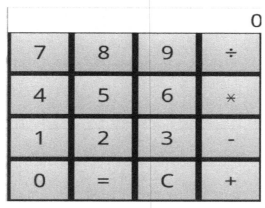

图 4-2　实际效果图

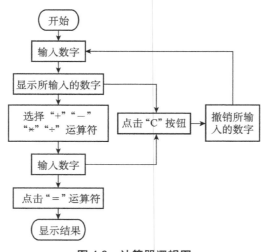

图 4-3　计算器逻辑图

任务操作

1. 实现流程

本任务实现流程如下：

①布局组件设计；

②点击数字按钮，执行标签组件的取值方法；

③当点击"C"按钮时，将之前输入的数据进行全部清除，利用设置将 x，y，z 的值设为 0 进行全部清除。

④点击"="按钮，将执行判断方法，判断数字计算时利用了哪种功能。

通过对计算器程序的预览，我们认识了"计算器"的界面布局，下面开始设计"计算器"的界面。登录 App Inventor，新建一个项目并打开，进入组件设计页面。

2. 创建用户界面

交互界面一共包含 3 个组件，它们分别是按钮、标签、表格布局。组件清单及属性设置如表 4-2 所示。

表 4-2　组件清单

组件内容	组件面板	命名	属性设置	作用
按钮	用户界面	等于	设置文本为 "＝"	用于计算结果
按钮	用户界面	清零	设置文本为 "C"	用于清除已经输入的数字
按钮	用户界面	加	设置文本为 "＋"	用于加法赋值
按钮	用户界面	减	设置文本为 "－"	用于减法赋值
按钮	用户界面	乘	设置文本为 "＊"	用于乘法赋值
按钮	用户界面	除	设置文本为 "/"	用于除法赋值
按钮	用户界面	数字 0～9	设置文本为 "0～9"	用于点击输入到标签组件中
标签	用户界面	显示的标签	设置文本为 "0"	用于显示数字
表格布局	界面布局	表格布局 1	表格布局 1 设置行数、列数都为 4	用于布局的排版，使组件整齐布局

根据上面的组件清单，通过从组件面板中拖曳到工件面板创建组件并对其进行相关的属性设置。可参考的实现如图 4-4 所示。

图 4-4　布局轮廓

3. 组件的行为添加

完成了"计算器"的整体布局，但是它还并不具备输入、清除、计算等功能，接下来点击右上方的"逻辑设计"按钮进入逻辑设计界面，对用到的组件进行相关行为动作的添加，以实现对应的功能。

（1）数字显示的功能

本节将介绍通过点击数字按钮 0～9（按钮组件），将数字输入到标签组件里，所需的模块如表 4-3 所示。（注：由于 10 个数字按钮的功能相同，所以只取数字按钮"1"举例描述）

表 4-3　组件清单

模块类型	处理逻辑	作用
 定义过程 我的过程 执行语句	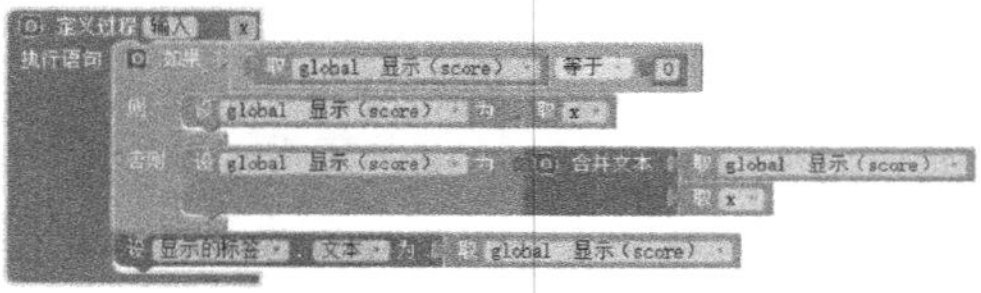 定义过程 输入 x 执行语句 如果 取 global 显示（score）等于 0 则 置 global 显示（score）为 取 x 否则 置 global 显示（score）为 合并文本 取 global 显示（score）取 x 置 显示的标签 . 文本 . 为 取 global 显示（score）	定义一个带参数的处理过程（函授），变量 X 是这个方法的局部变量。当方法被调用的时候，需要传进一个参数
 当 数字1 . 被点击 执行	 当 数字1 . 被点击 执行 调用 输入 x 1	把数字"1"作为参数传进上面定义的方法，当显示框中已经有数字时，将按钮所代表的数字附加在已有数字之后，如果输入框为空，则将按钮所代表的数字显示在显示框中
 初始化全局变量 显示（score）为	 初始化全局变量 显示（score）为 0	声明一个全局变量—显示（score），用于存放输入数字

通过表 4-3 了解所要用到的组件及其作用，接下来我们将上面所列的模块进行拼接，整体效果如图 4-5 所示。

剩下的数字"0、2、3、4、5、6、7、8、9"，原理和数字"1"一样，只需要修改两个地方按钮和设置变量的值就行了，如图 4-6 框选的地方所示。

初始化全局变量 显示（score） 为 0

定义过程 输入 x
执行语句 如果 取 global 显示（score） 等于 0
则 设 global 显示（score） 为 取 x
否则 设 global 显示（score） 为 合并文本 取 global 显示（score）
取 x
设 显示的标签 . 文本 为 取 global 显示（score）

当 数字1 .被点击
执行 调用 输入
x 1

初始化全局变量 显示（score） 为 0

当 数字1 .被点击
执行 如果 取 global 显示（score） 等于 0
则 设 global 显示（score） 为 1
否则 设 global 显示（score） 为 合并文本 取 global 显示（score）
1
设 显示的标签 . 文本 为 取 global 显示（score）

图 4-5　按钮 _ 1. 被点击块

图 4-6　按钮设置

（2）加、减、乘、除运算符号赋值功能

在完成数字按钮功能后，接下来将实现运算符号的功能，所需的组件清单如表 4-4 所示（注：由于 4 个运算符号按钮的功能相似，所以只取运算符号按钮"＋"举例描述）。

表 4-4　组件清单

模块类型	处理逻辑	作用
初始化全局变量 计算结果 为 0	初始化全局变量 计算结果 为 0	存放运算结果
初始化全局变量 运算符号标签 为 0	初始化全局变量 运算符号标签 为 0	用于标记运算符号按钮设"＋"的值为 1、"－"的值为 2、"＊"的值为 3、"/"的值为 4

续表

模块类型	处理逻辑	作用
		定义一个带一个参数的构造方法。设按运算符号按钮后输入值初始值为 0，当触发运算符号按钮后，若没有数字输入进去，则显示当前值
		调用刚才定义的构造方法，传递参数"1"，标记按了运算符号按钮"+"按钮

通过上面的模块清单，我们可将其拼成一个完整的组件，整体效果如图 4-7 所示。

图 4-7　按钮 Add. 被点击块

剩下的运算符号按钮，原理和加法只需要修改如图 4-8 所示框选的地方。

图 4-8　运算符号按钮设置

修改运算符号的按钮和参数。参数：加法为"1"，减法为"2"，乘法为"3"，除法为"4"。

（3）撤销功能——"C"按钮

完成了运算符号赋值功能，接着需要实现撤销功能，即点击"C"按钮后，将当前输入的数字或计算结果进行清除，所需的模块如表 4-5 所示。

表 4-5　模块清单

模块类型	处理逻辑	作用
当 清零 . 被点击 执行	设 global 计算结果 为 0 设 global 运算符标签 为 0 设 global 显示（score） 为 0	将三个变量取值进行初始化，即设置初始值为 0
	设 显示的标签 . 文本 为 0	把输入显示的标签的值显示为 0

根据上面的组件清单进行拖曳拼接，拼接后的整体效果图如图 4-9 所示。

图 4-9　按钮 C. 被点击块

（4）计算功能

完成了数值重置功能，接着要实现简单的计算功能，即点击"＝"后，执行 4 个运算符事件中的任意一个，然后对数据进行计算，所需的模块如表 4-6 所示。

表 4-6　模块清单

模块类型	处理逻辑	作用
当 等于 . 被点击 执行	如果 取 global 运算符标签 等于 1 则 设 global 计算结果 为 取 global 计算结果 ＋ 显示的标签 . 文本 如果 取 global 运算符标签 等于 2 则 设 global 计算结果 为 取 global 计算结果 － 显示的标签 . 文本 如果 取 global 运算符标签 等于 3 则 设 global 计算结果 为 取 global 计算结果 × 显示的标签 . 文本 如果 取 global 运算符标签 等于 4 则 设 global 计算结果 为 取 global 计算结果 / 显示的标签 . 文本	判断哪个运算符被用户点击激活
	设 global 显示（score） 为 0 设 显示的标签 . 文本 为 取 global 计算结果	判断完后，将结果显示在显示框上

通过上面的模块清单，我们将其拼成一个完整的模块，整体效果如图 4-10 所示。

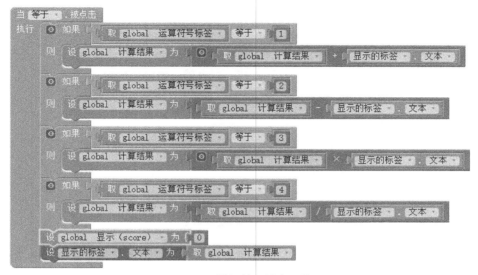

图 4-10　按钮等于被点击块

（5）整体效果图

最终代码如图 4-11 所示。

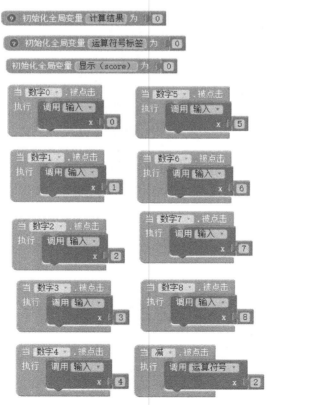

图 4-11　整体效果图

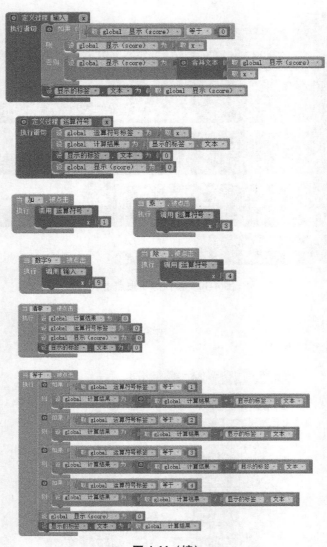

图 4-11（续）

任务小结

本任务实现了一个简易的"计算器"的应用开发，知识清单如下：

● 利用数字按钮将数值输入到标签组件中。

● 全局变量赋值，实现计算效果。

● 利用按钮组件的点击方法触发事件。

自我实践

在完成的计算器基础上增加数学函数计算功能，如 sin、cos、正切等函数运算。

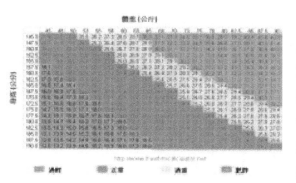

BMI 指数（身体质量指数，又称体质指数或体重指数，英文为 Body Mass Index，BMI），是用体重公斤数除以身高米数平方得出的数字，是目前国际上常用的衡量人体胖瘦程度，以及是否健康的一个标准，主要用于统计用途。当我们需要比较及分析一个人的体重对于不同高度的人所带来的健康影响时，BMI 值是一个中立而可靠的指标。例如，一个人的身高为 1.75 米体重为 68 千克，他的 BMI＝68/（1.75)^2＝22.2（千克/米^2）。当 BMI 指数为 18.5～23.9 时属正常。此公式没有区分男性和女性，适用于大多数成年人。

本任务将开发一个 BMI 计算应用并给出形象化的显示，通过学习让读者能使用屏幕跳转及传值，计算数据，熟悉基本组件的使用，加深对事件触发的理解和使用。

学习目标

- 掌握基本组件的使用；
- 了解界面间跳转并且传递参数；
- 理解按钮触发事件。

任务描述

BMI 计算 App 软件在获得两个文本输入框里面的数值后，通过算法计算出健康指数，之后由另一个界面根据第一个界面传过来的值显示对应的图片。软件界面设计如图 5-1 所示，流程图如图 5-2 所示。

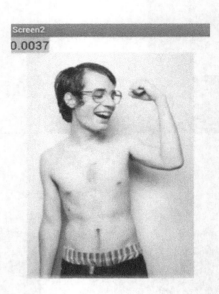

图 5-1　求 BMI 实例图

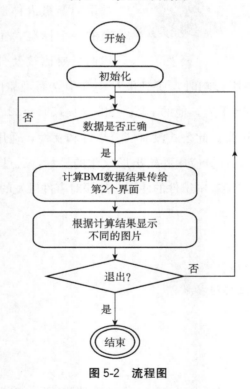

图 5-2　流程图

本功能如下：

①计算数值，并将改值传递给另一个界面（活动）。

②对基本组件的使用，设置跳转的界面。

开发前的准备工作

图片资源准备根据 BMI 数值大小显示图片，这里准备了 3 种图片，如图 5-3 所示。

(a) 瘦　　　　　　　　(b) 健康　　　　　　　　(c) 胖

图 5-3　3 种不同健康指数分别对应的图片

表 5-1 是整个程序中所需的组件介绍，通过这些组件来实现 BMI 求值。

表 5-1　组件介绍

组件	组件面板	用途
文本输入框	用户界面	用于用户输入各种数据信息，一般配合按钮组件使用
按钮	用户界面	用户点击时会执行，已经设计好的动作，进行操作

任务操作

1. 布局设计

布局中使用了两个标签组件和两个文本输入框组件，还有一个按钮组件，均为用户界面中的组件，命名方式可以自定义。

界面布局流程如下：

①从用户界面拖动 1 个标签组件作为标题使用。

②拖动 2 个文本输入框作为身高和体重的数据输入框。

③拖动 1 个按钮组件作为提交 2 个数据并且触发的事件。

布局结构如图 5-4 所示。

首先，标签组件的参数如图 5-5 所示。

文本输入框参数如图 5-6 所示。

按钮组件参数如图 5-7 所示。

由于 Screen2 主要功能是接收 Screen1 传过来的数据并且显示图片，Screen2 的参考布局设计如图 5-8 所示。

图 5-4　BMI 布局图

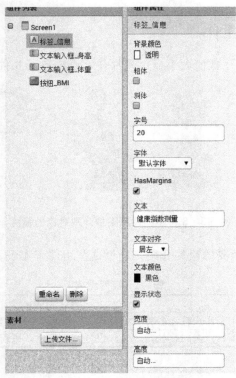

图 5-5　标签组件参数

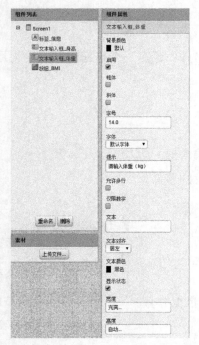
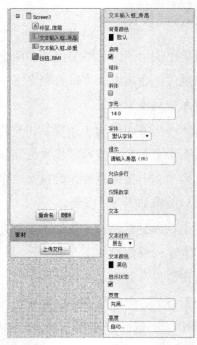

图 5-6　两个文本输入框的参数

图 5-7　按钮组件的参数　　　　　　　图 5-8　Screen2 布局设计

2. 功能模块实现

（1）定义变量

首先，BMI 是计算两个数据的值并且得到一个健康指数的应用，所以需要给按钮组件设计一个被点击时触发的事件。当用户点击按钮（计算）时，它会自动捕获两个编辑框里的参数，并且计算出来数值，然后传递给 Screen2。其次，通过设置一个全局变量，用来暂时存储计算后得到的数值，代码如图 5-9 所示。

初始化全局变量 bmi 为 定义变量的名字，可以自己命

名，通过给它一个默认值 0 把它们拼接起来　　　　　　初始化全局变量 bmi 为 0

图 5-9　定义全局变量

（2）提交数据功能

提交数据功能，首先进行逻辑判断，判断文本输入框的数据是不是数字，如果不是，则不执行；数据正确，则计算体重和身高，得出的结果传给 Screen2 的界面，同时跳转到 Screen2。提交数据功能的代码如图 5-10 所示。

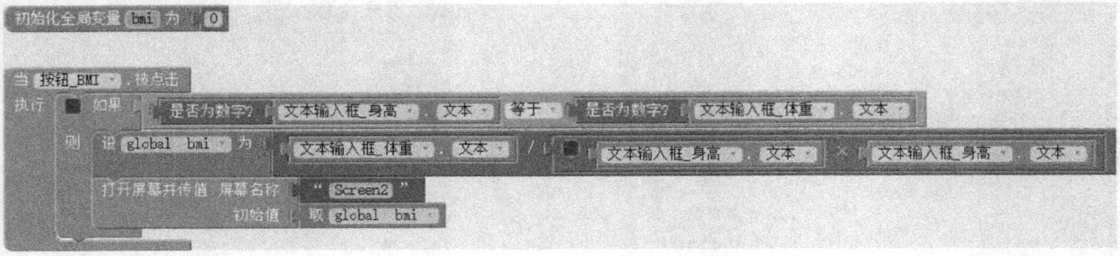

图 5-10　点击事件

（3）跳转功能

跳转到第二个界面的初始化功能，设置从第一个界面传过来的值赋予 bmi_2，让其显示在 Label 中。根据传过来的值，判断要显示 3 个逻辑判断的哪个图片。这里的 3 个逻辑判断代表 3 个不同的健康指数和 3 个不同的图片的组合。跳转功能的代码如图 5-11 所示。

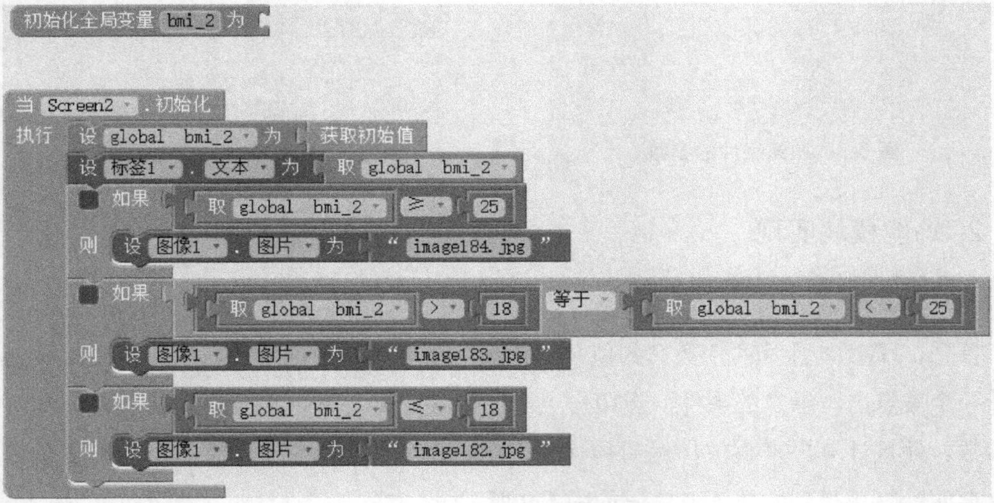

图 5-11　Screen2 的初始化界面

任务小结

本任务实现了用图例表明监控指数，请回顾如何将值传递给 Screen2，Screen2 的初始化，如何根据传递过来的不同的值，实现不同的图片显示。

自我实践

是否可以加入更多的参数，以便客观与个性化的方式来衡量健康指数？

钢琴大师

钢琴是源自西洋古典音乐中的一种键盘乐器，由 88 个琴键和金属弦音板组成，普遍用于独奏、重奏、伴奏等演出，作曲和排练音乐十分方便。弹奏者通过按下键盘上的琴键，牵动钢琴里面包着绒毡的小木槌，继而敲击钢丝弦发出声音。钢琴与小提琴、古典吉他并称为世界三大乐器。

本任务介绍如何通过一些简单的组件实现钢琴应用，可以通过点击按钮模拟钢琴美妙的声音，或者可以通过点击按钮切换其他不同乐器的声音。当用户点击时，会显示钢琴按键是如何被点击的；如果一直点击按键不放，会一直保持音色，如同弹奏真实的钢琴一样。

🎯 学习目标

● 按钮组件基本使用，以及触发事件，按下时是一种状态，抬起时又是另一种状态，频繁地在这两种状态下切换使用；

● 按钮触发事件包含一些方法，点击时执行，通常只执行一次，再点击时继续执行；

● 声音组件可以设置音乐的频率，以及播放声音、暂停声音、结束声音等功能；

● 通过按钮触发事件的使用，给画布设置背景颜色，当按钮被点击时，设置画布为黑色，离开时设置画布为白色；

● 计时器组件可以设置从多少秒开始计时，在此时间段内做哪些事情等功能。

📋 任务描述

在 App 界面上点击不同的按钮，会发出不同的音调；同时，当点击按钮时，按钮也会发生一些变化，比如当用户点击时，按钮会显示成黑色，让用户知道按键是当前点击的按键，提醒用户按键已经被点击过，松（离）开时，又显示原来的颜色。另外，还可以设置点击时音调发生的频率变化，设置音乐的种类。

　　"钢琴大师"的界面设计与实际运行效果如图 6-1 和图 6-2 所示，实现原理逻辑如图6-3所示。

　　钢琴应用的 UI 如图 6-2 所示，总共有 7 个按钮，每个按钮代表一个琴键，可以发出一种声音，所以设置了 7 个触发事件，触发不同的声音，那么上面几步做完后，如何让钢琴应用显示出某个琴键正被点击？可以使用被按压和被松开这两个新的触发事件来完成，被松开时触发一个事件，被按压触发另一个事件。

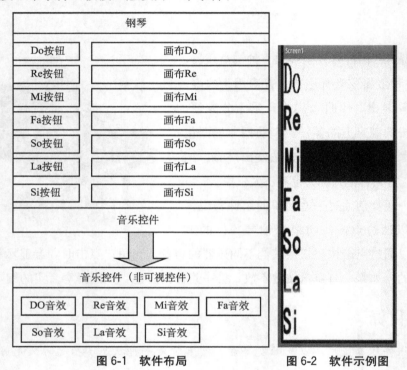

图 6-1　软件布局　　　　　　　图 6-2　软件示例图

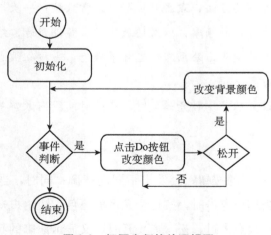

图 6-3　钢琴大师软件逻辑图

开发前准备工作

七音符钢琴的图片资源如图 6-5 所示。七音符钢琴的声音资源如图 6-6 所示。

Do Re Mi Fa So La Si

图 6-5　图片资源示例图

| 1_Do.wav | 2_Re.wav | 3_Mi.wav | 4_Fa.wav | 5_So.wav | 6_La.wav | 7_Si.wav |
| Do 按键 | Re 按键 | Mi 按键 | Fa 按键 | So 按键 | La 按键 | Si 按键 |

图 6-6　音乐资源示例图

表 6-1 是钢琴 App 中所需的组件介绍，通过这些组件可以实现钢琴应用。

表 6-1　组件详解

组件	组件面板组	用途
按钮	用户界面	按钮组件可以在程序中设置特定的触碰动作也就是触发事件，按钮可以知道用户是否在点击它，您可以自由调整按钮的各种外观属性，或者使用启用属性决定按钮是否可以被点击
声音	多媒体	①声音组件可以用来播放较短的音乐，或者让手机震动，声音是一个非可视组件，它可以用来播放音乐或者让手机震动（单位为毫秒）。要播放音乐时，可在组件设计或逻辑设计中设定 ②声音组件适用于播放较短的音乐，如果要播放较长的音乐，例如一首歌，这时请用音频播放器组件
计时器	用户界面	①计时器组件可产生一个计时器，定期触发某个事件，它也可以进行各种时间单位的运算与换算，计时器组件主要用途之一就是计时，设定时间后，计时器就会定期触发计时事件 ②计时器组件的第二个用途是进行时间的各种运算，并以不同单位来表达时间，计时器组件所使用的内部时间格式称为时刻。计时器组件的求当前时间方法可以将现在的时间以时刻来回传，计时器组件提供了很多方法来操作时刻，例如回传一个数秒钟或月份年份的时刻 ③它还提供多种时间显示方法，以指定时刻的方式来显示秒、分钟、小时、天

任务操作

1. 钢琴大师布局设计

（1）布局组件清单

在设计页面中钢琴大师需要的组件如表 6-2 所示，注意有非可视组件。

表 6-2　组件清单

组件类型	继承父类	组件名字	目的
按钮	用户界面	Do，Ri，Mi，Fa，So，La，Si	点击发出声音
画布	用户界面	画布 Do，画布 Ri，画布 Mi，画布 Fa，画布 So，画布 La，画布 Si	通过点击绘制图形
声音	多媒体	Do 音效，Ri 音效，Mi 音效，Fa 音效，So 音效，La 音效，Si 音效	储存声音
水平布局	界面布局	界面布局	排列布局

（2）基本布局设计

布局时注意不要形成空隙，页面基本布局如图 6-7 所示。

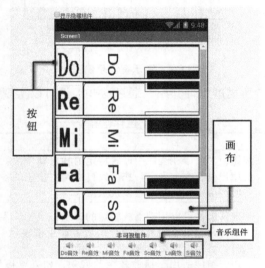

图 6-7　基本布局设计

大部分组件参数基本都是默认值，具体参数设置如图 6-8 所示。

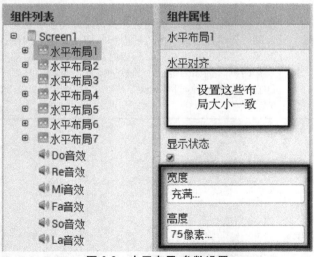

图 6-8　水平布局 参数设置

（3）画布的布局

我们的画布是没有事先设定好大小的，宽度和高度是自动的，如图 6-9 所示。

图 6-9　原始画布

图 6-10　画布归类

一共有 7 个画布，我们可以手动来设置它们的高度和宽度。但是如果有 100 个画布，手动去对它们一一进行设置这样是不是太烦琐呢？我们来分析一下，这些画布的宽度和高度都是有规律的，每个画布的高度等于所在的水平布局的高度，而每个水平布局的高度又是相等的，所以 7 个画布的高度是相等的，宽度也是相等的。我们先把它们归类为一个列表，如图 6-10 所示。

在屏幕初始化时，利用程序来对它们的宽度和高度来自动设置，这时我们需要用到任意组件。找到"任意组件"中的"任意画布"，如图 6-11 所示。

然后我们将通过一个循环处理，循环取列表中的每一个元素，每循环一次就处理一个画布宽度和高度的设置，如图 6-12 所示。

图 6-11　任意画布

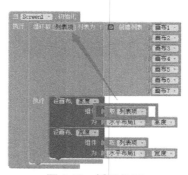

图 6-12　循环处理

这样就可以避免重复的工作。除了当前这个例子，在后续打地鼠的任务中也可以用到。

2. 功能实现

在一个应用中，如果有多个组件具有相似的属性，必须一个个地建立并设置。这显然是一种低效的做法。任意组件（Any Components）体现了计算思维中的一个重要特性：抽象。它将事物中的不同点抽取出来，将相同的属性保留下来。这样做的好处是，如果我们要修改组件的属性，只需要在 Blocks 里修改相应的参数即可，而不需要对每一个组件都去修改，既节约时间又减少出错，任意组件就是提供实现动态修改一类组件属性（状态）方法的组件。弹奏模块示例如表 6-3 所示。

表 6-3　弹奏模块示例

模块类型	处理逻辑	作用
当 Screen1 · 初始化 执行	当 Screen1 · 初始化 执行 循环取 列表项 列表为 创建列表 画布1 画布2 画布3 画布4 画布5 画布6 画布7 执行 设画布. 高度 组件 取 列表项 为 水平布局1 · 高度 设画布. 宽度 组件 取 列表项 为 水平布局1 · 宽度	屏幕初始化时候，自动获取水平布局1的宽度和高度，然后循环设置每一个画布的高度和宽度
当 画布Do · 被按压时 x坐标　y坐标 执行	让 音效do · 播放 设 画布Do · 的 背景颜色 · 为	当画布 Do 被按压时，播放音频文件 do，并设置画布背景颜色为黑色
当 画布Do · 被释放时 x坐标　y坐标 执行	设 画布Do · 的 背景颜色 · 为	当按压放开后，把画布设置为白色，这样就可以做出按下和弹起的动画效果

（1）点击按钮功能

"钢琴大师"应用中有大量的被松开和被按压事件，先介绍两个典型模块，代码如图6-13所示。剩下的模块也是按这个逻辑，只需要修改音频播放器和画布即可。

图 6-13　触碰事件

（2）离开按钮功能

离开屏幕的触发事件代码如图 6-14 所示。

图 6-14　离开琴键触发的事件

3. 整体效果图

最终代码如图 6-15 所示。

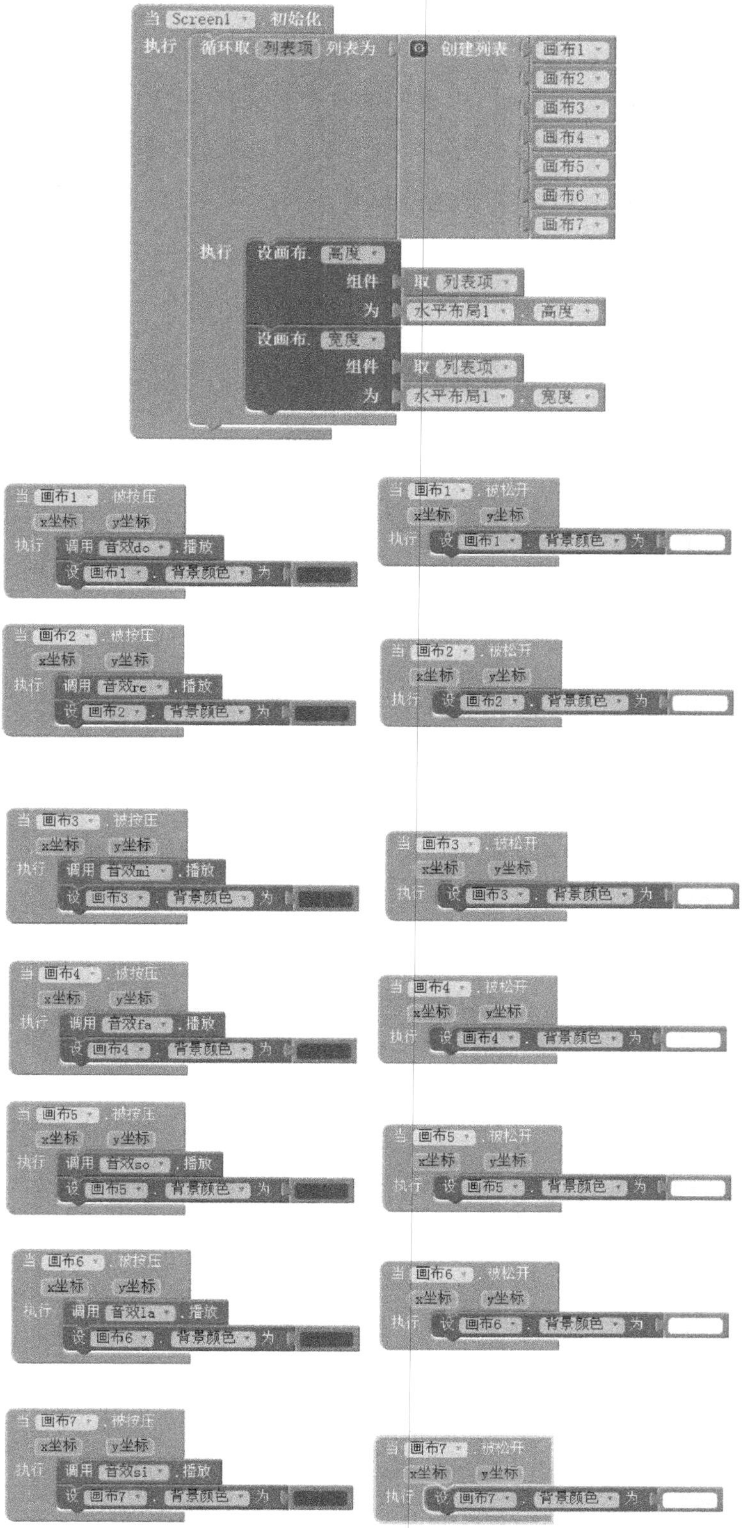

图 6-15 整体效果图

任务小结

音乐创作在于更细腻、生动地表现出人们内心对无限丰富的大自然和社会生活的感受，以及由此而来的无限丰富的感情色调及其变化。我们通过按钮和画布组件的使用，利用两种不同的触发事件来不断循环改变画布的背景颜色以模拟钢琴弹奏时的变化，这个钢琴易于使用和保养，多加练习还能参加比赛噢。

自我实践

- 尝试用按钮组件播放不同乐器的音乐，例如改变音乐频率等。
- 演示功能，能根据一些简单的乐谱来自动播放音乐。
- 让屏幕根据传感器来按横屏或竖屏排列琴键。

实 践 篇

任务 7

数码快拍

数码相机应用的领域广泛，比如新闻报道、交通事故的处理、毕业合影留念、记录犯罪证据等。光线通过镜头或者镜头组进入相机，再通过数码相机成像元件 CCD 或者 CMOS 转化为数字信号，最后根据光线的不同将之转化为电子信号集成了影像信息。数字信号通过影像

运算芯片储存在存储设备中具有数字化存取模式、与电脑交互处理和实时拍摄等特点。随着智能移动终端的强势来袭，如今所有的手机都配备了高清数码摄像头，出门在外如需拍照，仅需要一部手机即可完成。本任务将通过 App Inventor 开发一款名为"数码快拍"应用，带你步入数码世界，享受拍照的过程。

学习目标

● 掌握按钮组件的点击事件的使用方法；
● 掌握照相机组件的使用方法；
● 了解图片选取器组件的作用并掌握其使用方法。

任务描述

"数码快拍"功能如下：

● 点击按钮，调用手机自带的拍照功能；
● 当拍照完后，将所拍的照片显示到程序主界面；
● 点击主界面所显示出来的照片，进入手机自带的图片浏览器；
● 在图片浏览器中，将所选择的图片显示到程序主界面。

"数码快拍"的界面设计可参考图 7-1。

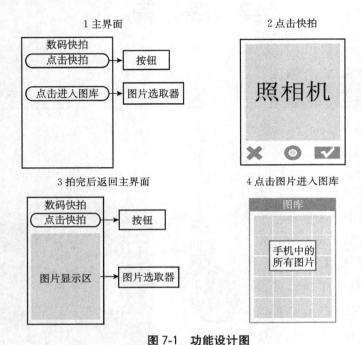

图 7-1   功能设计图

数码快拍 App 的功能预览如图 7-2 所示。

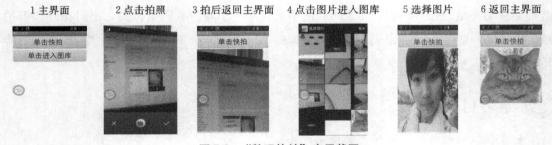

图 7-2   "数码快拍"应用截图

数码快拍的程序流程如下：

①布局组件设计。

②点击按钮，执行照相机组件的拍照方法。

③当拍照完后，利用选取图片组件的图片选取方法，将所拍照的图片显示在程序主界面的图片选取区域上。

④点击所拍照的图片，进入图库选择图片，同样利用图片选取方法将所选图片显示在主界面的图片选取区域上。

数码快拍应用的逻辑原理如图 7-3 所示。

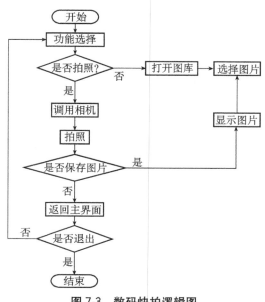

图 7-3　数码快拍逻辑图

开发前的准备工作

　　表 7-1 是数码快拍任务中所需的组件介绍，通过这些组件来实现我们的"数码快拍"应用。

表 7-1　组件详解

组件	所在界面	用途
图片选择器	图片选取器多媒体	①图片选取器组件可从图片库中选取图片 ②图片选取器是一种特殊的列表选择器，专门用来选取图片，其内容会自动指定为模拟器或 Android 装置上的图片库。当点选它之后，会跳到 Android 设备上的图片库，接着选择所需要的图片。当选择好图片之后，图片路径是用一个字符串来代表该图片的路径，可使用该参数来设定按钮的背景图片
按钮	用户界面	①按钮组件可在程序中设定特定的点击动作 ②按钮知道使用者是否正在按它。可自由调整按钮的各种外观属性，或使用 Enabled 属性决定按钮是否可以被点击
照相机	多媒体	①照相机组件可呼叫（调用）Android 设备上的相机进行拍照 ②照相机组件是一个非可视组件，它可呼叫 Android 设备上的相机进行拍照。拍完照之后，可从选取图像后事件中的参数找到刚刚所拍照片的档案位置。可将档案位置用于图片组件的图片属性，将图像的图片指定为刚刚所拍的照片
图片	用户界面	用于显示拍摄后的图片，或者图片选择器选择的图片

🔧⭐ 任务操作

根据任务描述中的界面设计要求，首先开始设计"数码快拍"的界面。登录 App In-ventor，点击"新建项目"按钮，打开一个项目并进入组件设计页面。

1. 布局界面设计

数码快拍界面，一共包含 4 个组件，它们分别是图片、按钮、图片选择器、照相机。组件清单及属性设置如表 7-2 所示。

表 7-2　组件清单

组件类型	调色板组	命名	属性设置	作用
图片选择器	多媒体	图片选择器1	设置文本为"单击进入图库"①	用于选取图片
按钮	用户界面	照相机按钮	按钮设置文本为"点击进入快拍"	用于调用拍照功能
照相机	多媒体	照相机1	无	用于拍照
图片	用户界面	图片1	无	用于显示拍摄后或者图片选择器选择后的图片

根据上面的组件清单，从用户界面中拖曳组件到工作面板创建界面功能，并对其进行相关的属性设置，参考如图 7-4 所示设置。

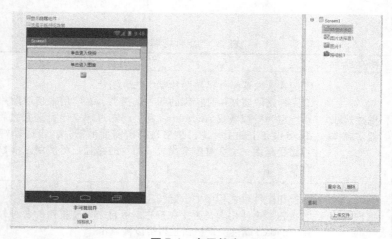

图 7-4　布局轮廓

（1）组件的行为添加

点击右上方的"逻辑设计"按钮，进入逻辑设计区，对所有组件进行相关行为动作的添加，实现对应的功能。

---

① 注释：此处开发的应用程序中为单击进入快拍和单击进入图片，这里保留此术语。

（2）点击进入快拍按钮的功能

通过点击照相机按钮（按钮组件）来调用系统的拍照功能，所需的组件如表7-3所示。

表7-3 组件清单

Block 类型	抽屉	作用
当 照相机按钮 ▾ .被点击 执行	照相机按钮	按钮点击事件，在执行缺口中执行拍照的方法
调用 摄像机1 ▾ .开始录制	照相机1	照相机的拍照功能

对上面所列的组件进行拼接操作如下：

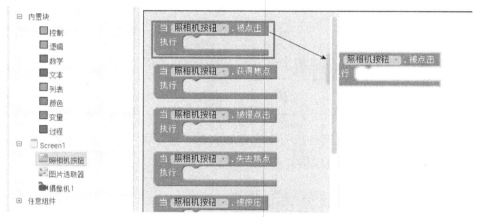

图7-5 由按钮事件触发

①将 照相机按钮 抽屉中的 当 照相机按钮 ▾ .被点击 执行 块拖到右边的空白编辑区，如图7-5所示。

②选择摄像机1抽屉，将里面的 调用 摄像机1 .开始录制 块拖出并添加到 当 照相机按钮 ▾ .被点击 执行 块的执行缺口，如图7-6所示。

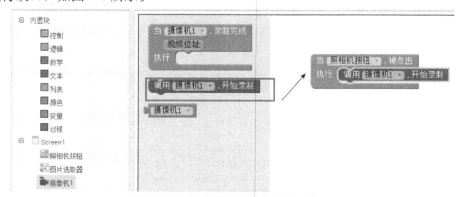

图7-6 点击事件后调用相机拍照处理

在完成了点击照相机按钮调用系统照相机的拍照功能后，点击编辑器右上方的"模拟器"按钮测试一下吧！

2. 将所拍照片显示在程序主界面

在上面介绍中，我们完成了点击一个按钮后调用系统拍照的功能。接下来要实现将所拍的照片显示在主界面的图像选取器上，所需的组件如表 7-4 所示。

表 7-4　组件清单

Block 类型	抽屉	作用
当 照相机1 完成拍摄时　图片地址　执行	照相机 1	当用户拍完照后，触发完成要做的处理逻辑
设 图片1 的 图片 为	图片 1	设置图片 1 的图片属性
图片地址	变量	用于接收上面图像形参变量所返回的图片

通过上面的清单，我们将其拼成一个完整的组件，通过图片 1 的块，将用户所拍照后的图片设置在图片 1 上显示，如图 7-7 所示。

图 7-7　设置图像选择框的背景图片

3. 任意图片选取的功能

我们完成了将所拍照的图片显示在程序主界面的功能，但是如果想将存储在手机里面的任意图片在图片选择器组件上显示，又该如何做呢？别担心，图片选择器组件本身就是专门用来选取图片的，具体所需的组件如表 7-5 所示。

表 7-5　组件清单

Block 类型	抽屉	作用
当 图片选择器1 完成选择时　执行	Screen/图片选择器	用户在图库选取图片后要做的事
设 图片1 的 图片 为	Screen/图片选择器	用于设置图片选择器的图片属性
图片选择器1 的 选中项	Screen/图片选择器	用户所选择的图片

根据上面的组件清单进行拖曳拼接，将我们所选取的图片显示在程序主界面的图片选择器上，拼接后如图 7-8 所示。

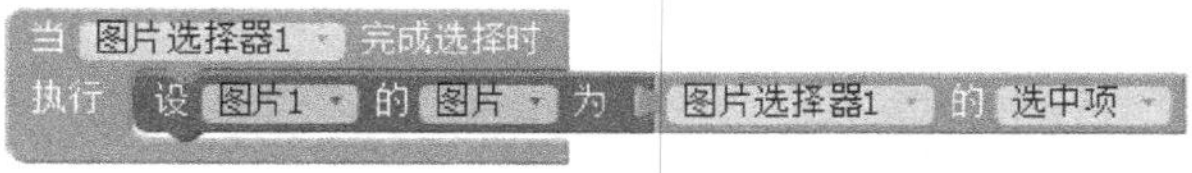

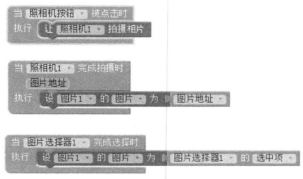

图 7-8　设置图像选择框背景

图 7-9 所示的是全部功能模块的截图。

图 7-9　全部功能模块的截图

任务小结

本任务实现了一个快拍功能的应用开发，知识清单如下：

● 利用照相机组件调用系统照相机拍照；

● 利用图片选择器组件从图库中选取图片；

● 利用按钮组件的点击方法触发事件。

自我实践

读者可以根据自己的兴趣在此应用的基础上进行功能增强，例如：

● 添加双指放大或缩小所拍照片的功能；

● 连接自拍杆完成照相功能。

任务 8　　随手录

在没有摄像机的年代，人们只能通过"文字＋图片"的方式来记录一件事物的发展过程，而摄像机的发明不仅可以记录一段连续动态的画面，还可以将当时的声音保存下来。当你仔细观察，就会发现摄像机的使用无处不在，例如我们日常生活中看的电影、电视新闻、

现场直播、纪录片等。不管是出行还是家庭聚会，数码摄像机的使用频率都很高。数码摄像机通过感光元件将光信号转变成电流，再将模拟电信号转变成数字信号，由专门的芯片进行处理和过滤噪声后，将得到的信息还原出连续的动态画面。本任务将通过 App Inventor 开发一个录制视频的应用。

🎯 学习目标

- 了解摄像机组件的作用并掌握它的使用方法；
- 掌握使用视频播放器组件来播放指定的视频；
- 了解通知组件的作用并掌握它的使用方法。

任务描述

"随手录"功能介绍如下。

- 录制视频功能：添加一个"录制"按钮，当用户点击时，调用手机自带的摄像机功能；
- 播放视频功能：添加一个"播放"按钮，当用户点击时，播放所录制的视频；
- 提醒功能：当视频录制完成后，提示用户"录制完毕"；当视频播放完后，提示用户"播放完毕"。

"随手录"应用开发需要实现的流程介绍如下：

①布局组件设计。

②点击 recordBtn（按钮）组件，执行摄像机组件的开始录制方法。

③完成录制视频后，将所录制的视频设置为视频播放器的播放源。

④点击 playBtn（按钮）组件，执行视频播放器的开始方法。

随手录 App 的界面设计可参考图 8-1，其逻辑实现原理如图 8-2 所示。

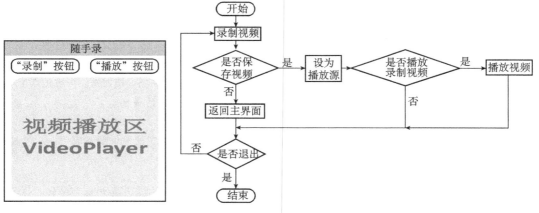

图 8-1　界面设计　　　　　　　　　　图 8-2　随手录程序逻辑图

随手录应用的功能预览如图 8-3 所示。

1 主界面

2 录制视频

3 完成录制

4 视频录制完毕提醒

5 播放视频

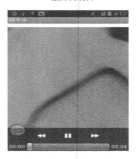

6 播放完毕提醒

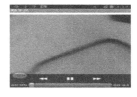

图 8-3　随手录应用截图

开发前的准备工作

表 8-1 是整个程序中所需组件的介绍，通过这些组件来实现"随手录"应用。

表 8-1　任务组件清单

组件	调色板组	用途
水平布局	界面布局	水平布局组件可将多个组件从左到右横向排列。本组件只用来排版，请将您想要横向排列的组件放入其中即可
按钮	用户界面	按钮组件可在程序中设定特定的点击动作。按钮知道使用者是否正在按它。您可自由调整按钮的各种外观属性，或使用启用属性来决定按钮是否可以被点击
视频播放器	多媒体	视频播放器组件可用来播放格式为 wmv、3gp、mp4 等格式的视频
摄像机	多媒体	一个用于录制视频的组件。在视频录制完成后，从录制完成事件中返回一个可用的视频文件名，该文件名可用于设置视频播放器的源属性
通知	用户界面	"通知"是不可见组件，可以用来显示通知与警告，并显示系统信息，常在 App 出错时使用

任务操作

首先，根据图 8-1 的界面设计完成"随手录"的界面。登录 App Inventor，新建一个项目，打开后进入组件设计页面。

1. 界面布局设计

界面布局包含 5 个组件，它们分别是水平布局、按钮、视频播放器、摄像机和通知。组件清单及其作用见表 8-2。

表 8-2　页面布局组件清单

组件类型	调色板组	命名	作用
水平布局	界面布局	水平布局 1	用于横向摆放下面两个按钮组件
按钮	用户界面	recordBtn	用于调用系统摄像机的功能
按钮	用户界面	playBtn	用于调用视频播放器的开始方法
视频播放器	多媒体	视频播放器 1	用于显示所播放的视频
摄像机	多媒体	摄像机 1	摄像机组件，用于录制视频
通知	用户界面	通知 1	通知组件，用于提示用户所完成的操作

我们根据上面的清单从组件面板中拖曳组件到工作面板创建界面布局。参考的实现如图 8-4 所示。

图 8-4 布局轮廓

其中有 3 个组件的属性需要更改设置，如表 8-3 所示。

表 8-3 组件属性设置清单

组件名	属性设置
水平布局 1	设置宽度为"充满"使横向布局占满屏幕的宽度；设置水平对齐属性为"居中"使里面的组件居中
recordBtn	设置文本属性为"录制"
playBtn	设置文本属性为"播放"

布局效果可参考图 8-5 所示。

图 8-5 参考布局

2. 组件的行为添加

完成了"随手录"的整体布局，但是它还并不具备互动的功能，所以接下来要让界面里的组件都"活"起来，实现视频录制及视频播放的功能。点击页面右上方的"逻辑设计"按钮，进入逻辑设计界面，对所有组件进行相关行为动作的添加，实现对应的功能。

（1）录制视频功能

本节将介绍通过使用 recordBtn（按钮）组件来调用系统的摄像机，所需的组件如表 8-4 所示。

表 8-4 录制视频组件清单

Block 类型	抽屉	作用
recordBtn	recordBtn	按钮点击事件，在执行缺口中执行摄像机 1 组件录制视频的方法块
调用 摄像机1 . 开始录制	摄像机 1	录制视频的方法块

接下来我们将上面所列的组件进行拼接，操作如下：

①点击编辑器左侧的 Screen1 导航，将 recordBtn 抽屉中的当 当 recordBtn. 被点击 块拖到右边的空白编辑区，如图 8-6 所示。

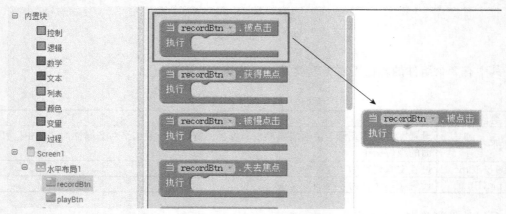

图 8-6　recordBtn. 被点击块

②选择 摄像机1 ，将里面的 调用摄像机 1. 开始录制 块拖出并添加到 当 recordBtn. 被点击 块的执行缺口，如图 8-7 所示。

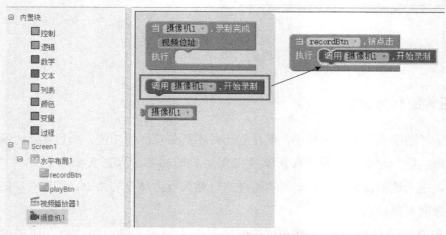

图 8-7　"录制"按钮点击事件

现在，点击编辑器上方的"连接"按钮连接 Android 设备测试一下吧。假如点击"录制"按钮，程序跳转到摄像机的画面，说明录制视频的功能没有问题。

（2）播放视频功能

我们完成了点击一个按钮调用系统摄像机录制视频的功能，但是录制视频后还无法播放刚刚录制的视频，完成播放视频功能所需的组件如表 8-5 所示。

表 8-5 播放视频功能组件清单

Block 类型	抽屉	作用
当 摄像机1 . 录制完成 视频位址 执行	摄像机 1	录制完成后的事件，当用户完成视频录制后，把要做的事放在执行缺口中进行处理
设 视频播放器1 . 源文件 为	视频播放器 1	用于设置视频播放器的视频源
当 playBtn . 被点击 执行	playBtn	按钮点击事件，在执行缺口中执行视频播放器 1 组件播放视频的方法块
调用 视频播放器1 . 开始	视频播放器 1	开始播放视频

首先，我们先将所录制的视频设为所要播放的视频源，并将相关的组件进行拼接，如表 8-6 所示。

表 8-6 录制视频后的事件处理

组件	组件说明
当 摄像机1 . 录制完成 视频位址 执行 设 视频播放器1 . 源文件 为 取 视频位址	当用户完成视频录制后，将所录制的视频设为所要播放的视频源（视频所存储的路径默认为设备 \ SDCard \ DCIM \ Camera 目录下）

然后，在 playBtn 按钮点击事件中添加视频播放的处理方法，通过拖曳并对其进行拼接，如表 8-7 所示。

表 8-7 "播放视频"按钮点击事件

组件	组件说明
当 playBtn . 被点击 执行 调用 视频播放器1 . 开始	当用户点击该按钮时，播放之前在 设视频播放器1. 源文件为 块设置的视频源

当完成此功能后，我们点击编辑器右上方的"连接"按钮连接 Android 设备，测试一下播放视频的功能是否正常。假如录制完视频后，点击程序主界面的"播放"按钮，按钮下方能够显示我们刚才所录制的视频画面，则说明视频播放的功能正常。

（3）提醒功能

为了增强用户体验，我们将对"随手录"应用添加提醒功能：当视频录制完成后，提示用户"录制完毕"；当视频播放完后，提示用户"播放完毕"，所需组件清单如表 8-8 所示。

表 8-8　提醒功能组件清单

Block 类型	抽屉	作用
当 视频播放器1 . 已完成 执行	视频播放器 1	当用户完成录制视频后，把后续要完成的操作放在执行缺口处
调用 对话框1 . 显示告警信息 通知 ×2	通知 1	消息提示，用于显示"录制完毕!"和"播放完毕"的消息
" " ×2	文本	文本内容"录制完毕"和"播放完毕"，用于设置通知 1 的消息显示内容

接下来我们将表 8-8 中的组件进行拼接，如表 8-9 所示。

表 8-9　"动作完成"提醒

组件	组件说明
当 摄像机1 . 录制完成 视频位址 执行 设 视频播放器1 . 源文件 为 取 视频位址 调用 对话框1 . 显示告警信息 通知 " 录制完毕 "	当用户完成视频录制后，在屏幕底部显示"录制完毕"消息
当 视频播放器1 . 已完成 执行 调用 对话框1 . 显示告警信息 通知 " 播放完毕 "	当视频播放完成后，在屏幕底部显示"播放完毕"的消息

同样，点击"连接"按钮连接 Android 设备进行测试。如果当视频录制完成后，屏幕中部显示"录制完毕"的消息及当视频播放完，屏幕中部显示"播放完毕"的消息，则说明整个程序的功能运行正常。整个程序的功能模块如图 8-8 所示。

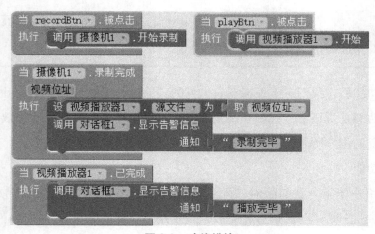

图 8-8　功能模块

任务小结

本任务实现了一个简单的视频录制应用"随手录"，知识清单如下：

- 利用摄像机组件录制视频；
- 利用视频播放器组件播放视频；
- 利用通知组件的提示消息。

自我实践

读者可以根据自己的兴趣在此应用的基础上进行功能增强，例如：

- 添加摇一摇启动拍摄的功能；
- 请考虑如何实现摄影机在拍摄的同时做变焦的动作，改变画面大小的取景功能。

电话述衷肠

《吕氏春秋·音初》云："是故闻其声而知其风 / 察其风而知其志 / 观其志知其德。"语言的感染力是虚拟的网络无法替代的，语音朗读（Text To Speech，TTS）程序把电脑中任意出现的文字转换成自然流畅的语音输出。把文字用声音读出来是工作、学习、听小说、校对、盲人上网等不可多得的好帮手，给生活增添了很多乐趣。现在我们学习用 App Inventor 开发一个 TTS 语音朗读应用程序，让冰冷的手机传递温情。

🎯 学习目标

- 掌握按钮组件的点击事件的使用方法；
- 掌握列表选择框组件的使用方法；
- 掌握复选框组件的使用方法；
- 了解文本语音转换器组件的作用；
- 了解文本输入框组件的作用并掌握其使用方法。

👤 任务描述

"电话述衷肠"功能介绍如下。

- 选择语言功能：当点击"选择语言"按钮时，会弹出一个语言列表供用户选择；
- 文本框功能：用户可以在文本框内输入文字，之后会读出所输入的文字；
- 选择性别的功能：可以点击选择男声或者女声的选项；
- "说话"文本语音功能：点击"说话"按钮，可以朗读添加的文字。

"电话述衷肠"界面设计如图 9-1 所示。

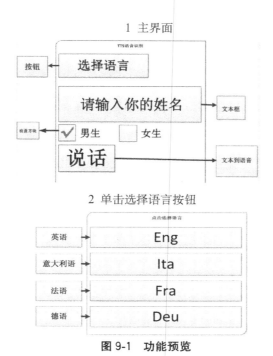

图 9-1 功能预览

本应用的实际运行效果如图 9-2 所示，程序的基本逻辑实现如图 9-3 所示。

图 9-2 语音识别截图

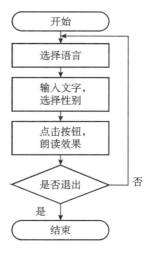

图 9-3 程序逻辑图

本程序开发的实现流程如下：

①布局组件设计。

②点击按钮，执行列表选择框组件的方法。

③当选择完语言后，在文本输入框中输入用户想写的文字。

④点击按钮，执行复选框组件的方法。

⑤执行文本语音转换器组件。

开发前的准备工作

　　每个应用开发前的准备工作并不是一个简单的过程，对于软件运行所需要的资源、要完成的功能、需要在何种条件下实现功能、可能会出现的问题都要考虑清楚，才能达到事半功倍的效果。对应程序的逻辑和流程，本应用实现"电话述衷肠"所需的组件如表 9-1 所示。

表 9-1　"电话述衷肠"组件清单

组件	组件面板	用途
文本输入框	用户界面	①文本输入框组件可以接收使用者输入文字信息 ②文本输入框组件的初始值或者使用者输入的文字是由文本属性所决定的。如果文本属性为空白，您可以使用提示属性来输入相关内容。提示属性会以颜色较淡的文字显示在文本输入框组件中 ③文本输入框组件通常和按钮组件配合使用，使用者输入内容后按下按钮以执行之后的动作
按钮	用户界面	①按钮组件可在程序中设定特定的点击动作 ②按钮知道使用者是否正在按它。您可自由调整按钮的各种外观属性，或使用启用属性来决定按钮是否可以被点击
复选框	用户界面	①复选框组件检查使用者是否点击选取了它，并以一个状态来代表是否被选中 ②当使用者点击选取复选框组件，会呼叫一事件来处理后面的动作。我们可以在组件设计或逻辑设计中设定，有很多属性可用来改变复选框组件的外观
列表选择框	用户界面	①使用者可根据列表选择框组件来选择其中的某个项目。当使用者点击列表选择框组件时，它会显示一串项目让使用者选择 ②列表选择框组件的项目可在组件设计或逻辑设计过程中设定元素字符串属性，并以逗号分隔并排；或在逻辑设计中将列表选择框组件的属性指定为某个清单的内容 ③其他属性，包括文字对齐和背景颜色皆会影响列表选择框组件的外观，我们也可设定其是否可以被选取
文本语音转换器	多媒体	①文本语音转换器组件可让设备朗读文字资料，需要安装 Eyes-FreeProject 的 TTS Extended Serice app ②文字语音转换器组件由语音文字转化的相关属性设定，通常是以三个字母的代码来表示语言及使用区域。例如，你可以区分英式及美式英语，英式英语的语言代码是 eng，区域代码为 GBR；而美式英语的语言代码是 eng，区域代码为 USA

★ **任务操作**

　　预览了解"电话述衷肠"界面布局后，我们开始设计本应用的界面。再登录 App Inventor，点击"新建项目"按钮，打开一个项目，然后进入组件设计页面。

1. 界面布局设计

该应用布局包含 5 个组件，它们分别是按钮、列表选择框、文本输入框、文本语音转换器和复选框。组件清单及属性作用设置如表 9-2 所示。

表 9-2　组件清单

组件类型	组件面板	命名	属性设置	作用
列表选择框	用户面板	列表选择框 1	设置文本为"选择语言"	选择其中的某个项目
按钮	用户面板	按钮＿讲话	设置 Text 为"说话"	用于文字语音功能
文本输入框	用户面板	文本输入框＿文字	无	输入文字
文本语音转换器	多媒体	文本语音转换器 1	无	念出文字
复选框	用户面板	复选框＿男生	设置文本为"男生"	选择男声
复选框	用户面板	复选框＿女生	设置文本为"女生"	选择女声

我们根据上面的清单，从用户面板中拖曳组件到工作面板创建界面布局，如图 9-4 所示。

图 9-4　布局轮廓

2. 组件的行为添加

点击布局编辑器右上方的"逻辑设计"按钮，进入逻辑设计区对所用到的组件进行相关行为动作的添加，实现期望的功能。

（1）点击"选择语言"按钮的功能

本节将介绍通过点击列表选择框来调用选择语言功能，所需的组件如表 9-3 所示。

表 9-3　语言选择组件清单

Block 类型	抽屉	作用
" "	文本	设置需要朗读的文字
初始化全局变量 我的变量 为	变量	建立一个在程序上可以动态改变的属性

续表

Block 类型	抽屉	作用
创建列表	列表	新增一个列表，可以添加保存你所需要的内容
当 列表选择框1 .准备选择 执行	Screen/列表选择框 1	使用者选择 ListPicker，但还没选择某个项目时呼叫本事件
当 列表选择框1 .选择完成 执行	Screen/列表选择框 1	使用者选择 ListPicker，选择某个项目时呼叫本事件
列表选择框1 . 选中项	Screen/列表选择框 1	选择的清单项目
设 列表选择框1 . 元素 为	Screen/列表选择框 1	将清单内容指定为 ListPicker 组件项目
设 文本语音转换器1 . 语言 为	Screen/文本语音转换器	语音输出语言代码
取 global lan	文本	全局变量的值（语言）

接下来我们将上面所列的组件进行拼接，操作过程如下：

①将 变量 抽屉中的 初始化全局变量 我的变量 为 块拖到右边的空白编辑区，定义一个变量，即它的值在程序中被定义为动态改变，如图 9-5 所示。

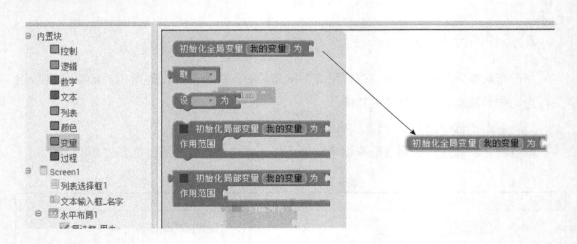

图 9-5　变量拼接块

②选择 文本 抽屉，将里面的 块拖出并添加到 初始化全局变量 我的变量 为 块的缺口，可定义其值为男性，如图 9-6 所示。

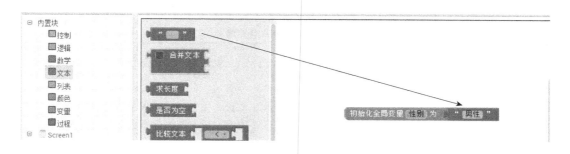

图 9-6 文本拼块

③选择 列表 抽屉，将里面的 块拖出并添加 初始化全局变量 我的变量 为 和 ，完成语言列表的各个选项，如图 9-7 所示。

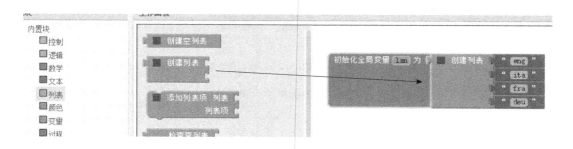

图 9-7 向列表中输入数据

④将语言列表模块组建好后，还要做好语言列表被选择之前的准备，以及当选择语言列表某个选项后设置 TTS 对应语言的种类，如图 9-8 所示。

图 9-8 列表选择框 1 组件

现在我们完成了使用列表选择框来调用选择语言的功能。点击组件编辑器右上方的"模拟器"按钮测试一下吧！

（2）完成选择男女声音的功能

在完成了点击按钮调用选择语言的功能，接下来，我们要实现选择男女声音的功能，这里需要使用到复选框组件，如表 9-4 所示。

表 9-4　声音选择组件清单

Block 类型	抽屉	作用
如果 则 否则	控制	测试指定条件，如果为真则执行"则"中的内容，反之则执行"否则"中的内容
当 复选框_男生 .状态被改变 执行	Screen/复选框	使用者选择男生或者取消时呼叫本事件
当 复选框_女生 .状态被改变 执行	Screen/复选框	使用者选择女生或者取消时呼叫本事件
设 复选框_男生 . 选中 为	Screen/复选框	设定该复选框组件的值
设 复选框_女生 . 选中 为	Screen/复选框	设定该复选框组件的值
复选框_男生 . 选中	Screen/复选框	如果该选项为真，则代表使用者已选择复选框_男生组件
复选框_女生 . 选中	Screen/复选框	如果该选项为真，则代表使用者已选择复选框_女生组件
设 global 性别 为	变量	设置"性别"全局变量的属性
" "	文本	设定一个字符串

通过上面的组件清单，我们将其拼成一个完整的组件，通过 当 复选框_男生 .状态被改变 执行

块来完成对于男声的选择功能，同样的方法可完成对女声的选择功能，如图 9-9 所示。

图 9-9　复选框 _ 男生、复选框 _ 女生组件

我们再次点击组件设计左上方的"模拟器"按钮来测试一下 App 的运行效果。

（3）点击"说话"按钮的功能

完成了性别选择的功能，如果我们想要实现语音朗读文本的功能，又该如何完成？首先，具体操作中所需的组件如表 9-5 所示。

表 9-5　朗读功能组件清单

Block 类型	抽屉	作用
当 按钮_说话 .被点击 执行	按钮 _ 说话	使用者点击和放开按钮时呼叫本事件
调用 文本语音转换器1 .念读文本 消息	文本语音转换器 1	调用朗读指定文字资料的方法
合并文本	文本	将所有内容按照顺序指定合成一个字符串
文本输入框_名字 . 文本	文本输入框 _ 名字	设置你想要显示的文字
取 global 性别	变量	设置"性别"全局变量的属性

对上述组件进行拼接，完成朗读文本功能如图 9-10 所示。

图 9-10　按钮 _ 说话组件

至此，点击组件编辑器右上方的"模拟器"按钮测试，如果点击"说话"按钮，能够

听到对应文本内容正确的声音，表明应用功能正常。图 9-11 是供参考的全部组件图。

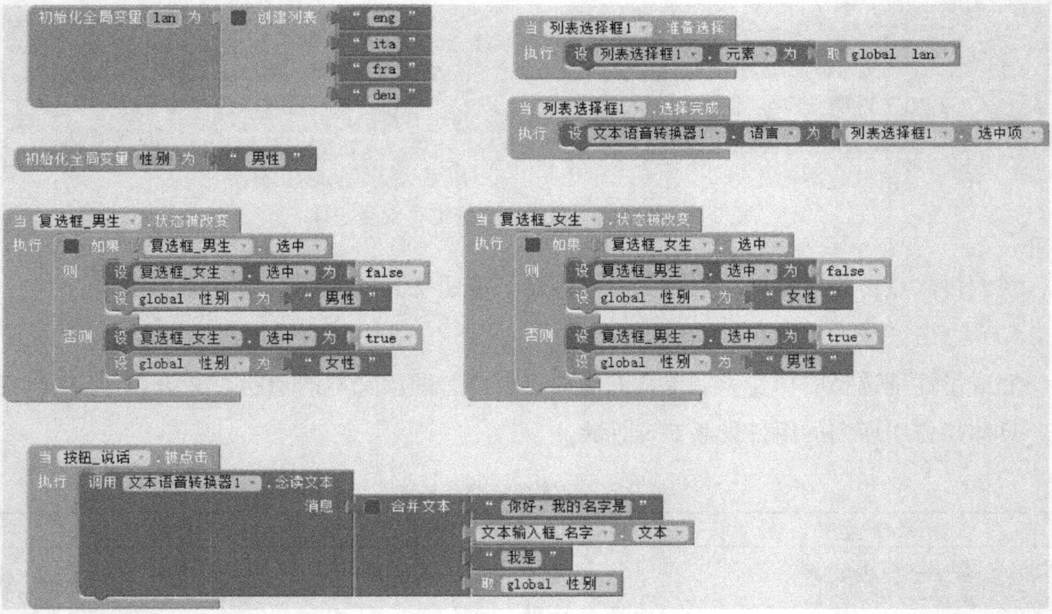

图 9-11　"电话述衷肠"应用的完整组件

任务小结

本任务完成了一个简易语音朗读的应用开发，知识清单如下：

- 利用复选框组件呼叫一事件来处理后面的动作；
- 利用文本语音转换器组件念出文字资料；
- 利用列表选择框组件来选择其中的某个项目；
- 利用文本输入框组件让接收使用者输入文字信息；

自我实践

读者可以根据自己的兴趣在此应用的基础上进行功能增强，例如：

- 在列表中再添加多个国家的语言并尝试进行对应的语音朗读；
- 地球在缩小，舌头在延长，请尝试给朗读应用增加背景音乐；
- 请编写一个"英文听写神器"，能够根据接收的短信内容朗读，并比对听写的内容与发布内容中不匹配的词语。

世界大冒险

"世界那么大，我想去看看"是一种勇气，尽情释放生命的激情，追逐新的体验，想到就要做到。借助火车、轮船、大象和热气球等，《80 天环游世界》让人在冒险之余也领略了很多特殊风光。如今 GPS 等导航设备可以让我们在陌生的地方也能行动自如，借助强大的谷歌地图可以足不出户游天

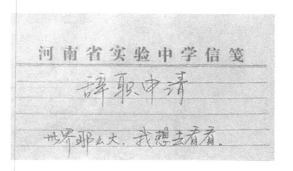

下，一机在手天涯海角不迷路。通过本任务的学习，我们将介绍如何使用谷歌地图查找自己想去的地方，通过使用 List 列表保存目的地的位置来进行选择，学习如何使用 Google Map API 调用谷歌地图呈现目的地的各种信息。

🎯 学习目标

● 列表选择框的基本理解和使用：如何选择其中的某个项目，完成这些项目的定义，这些项目的类型如何设置及对文字、背景颜色和组件的外观的设定；

● 图像的理解和使用：图像组件是用来显示图片的组件，可以在组件设计或者逻辑设计中指定图片的各种属性，同时也可以在逻辑设计中对它设计点选的模块功能；

● Activity 启动器的基本理解和使用：如何正确地设置它的跳转属性、服务调用，以及各种功能的 API，如 Action，Activity，Class 等，可以用本软件调用其他应用程序的组件。

📇 任务描述

本应用通过点击选择目的地列表选择框按钮（列表清单里包含多个自定义的坐标及名字），进入 List 清单列表选择想要查询的地点；点击之后启动 Activity 启动器组件可以跳转到另外一个应用程序界面，通过调用 Google 地图软件来完成显示要查询地点的地理信息。

"世界大冒险"的实际运行效果如图 10-1 所示。

图 10-1　应用预览图

本程序的界面设计如图 10-2 所示，"世界大冒险"的导航逻辑图如图 10-3 所示。

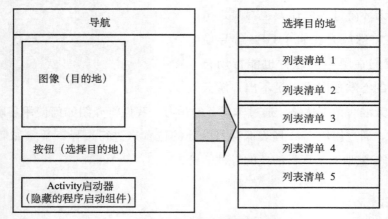

图 10-2　界面设计图

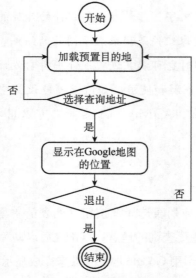

图 10-3　导航逻辑图

▮▮ 开发前准备工作

地图是自然环境和社会经济与文化的图形表达。传统地图具有可视性和真实可触性。数字地图是在一定坐标系统内具有确定坐标和属性标志的制图要素与离散数据在电脑等可识别的存储介质上概括而有序的集合（王家耀，2001）。作为表达客观世界的一种数据模型，在数据库中表现为有序的空间数据。我们平常所看到的数字地图，实际上是多层地图的复合显示（高俊，1999）。地图具有以多种方式表达现实世界的独特功能，可识别在某一位置上有什么东西。在地图上，指向图上任何位置，都能够知道这个地方或对象的名字及其他相关的属性信息。地图可以标明你所处的位置。如果你的地图可以实时地输入全球定位系统（GPS）的数据，你就能看到你在哪里、以多快的速度在旅行并且你的旅途目的地在何方。

在开发前，首先准备一张巴黎地图的示例图。

1. 相关组件介绍

世界大冒险中所需的组件介绍详见表 10-1，通过这些组件来实现我们的导航应用。

表 10-1　组件详解

组件	调色板组	用途
图像	用户界面	图像组件可用来显示各种影像图片，并可让使用者点选或进行其他操作，可以在组件设计或逻辑设计中指定该组件的各种属性
Activity 启动器	用户界面	Activity 启动器组件可以让你的应用程序调用另外一个程序活动（Activity），通过对 Activity 启动器的属性设置，可以设定 Action、Activity、class 等
列表选择框	组件面板	用户可点击列表选择框组件来选择其中的某个项目，当用户点击组件时，将显示一串项目清单供用户选择，列表选择框组件的项目可以在逻辑设计中设定

2. 调用 Google Map API 的准备

在世界大冒险中，我们要用到 Google（谷歌）地图来将我们导航到想去的地方，需要使用 Google Map API（谷歌地图对应的接口）的服务。Android 中定义了一个名为 com. google. android. maps 的包，其中包含了一系列用于在 Google Map 上显示、控制和层叠信息的功能类。以下是该包中最重要的几个类。

• MapsActivity：这个类是用于显示 Google Map 的 Activity 类，它需要连接底层网络。MapsActivity 是一个抽象类，任何想要显示 MapView 的 Activity 都需要派生自 MapsActivity，并且在其派生类的 onCreate() 中，都要创建一个 MapView 实例。

• MapView：MapView 是用于显示地图的 View 组件。它派生自 android. view. ViewGroup。它必须和 MapActivity 配合使用，而且只能被 MapActivity 创建；这是因为 MapView 需要通过后台的线程来连接网络或者文件系统，而这些线程要由 MapActivity 来管理。

• Map 控制 ler：Map 控制 ler 用于控制地图的移动、缩放等。

• Overlay：这是一个可显示于地图之上的可绘制的对象。

• GeoPoint：这是一个包含经纬度位置的对象。

在地图大冒险中，我们准备使用的地图服务属性如下（见图 10-4）。

①android. intent. action. VIEW：向用户显示数据，如打开地图应用程序并显示指定的地址。

②com. google. android. maps. MapsActivity：显示 Google Map 的 Activity 类。

③com. google. android. apps. maps：包的名称。包的名称如同我们姓名中的姓，类的名称如同我们姓名中的名，这样可以避免相同的类名出现。

图 10-4　调用 Google 地图示例图

 任务操作

1. 布局组件设计

应用布局包含图像、列表选择框和 Activity 启动器 3 个组件，组件清单及作用设置如表 10-2 所示。

表 10-2　组件清单

组件类型	继承类型	组件名字	目的
图像	用户界面	图像 1	显示一张初始图片
列表选择框	用户界面	列表选择框	存储查询地址的列表清单
Activity 启动器	用户界面	Activity 启动器 1	用于跳转到谷歌地图程序

　　当前界面布局只用到 3 个组件，其中 2 个组件是用户界面里的图像和列表选择框，另一个组件是用户界面里的 Activity 启动器，命名方式可以自定义。

　　布局流程如下所示：

　　①从用户界面中拖动一个图像和列表选择框。

　　②从用户界面中拖动 Activity 启动器到工作面板中，用于跳转到谷歌地图程序。

　　应用布局结构如图 10-5 所示。

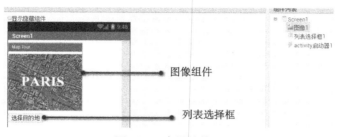

图 10-5　布局结构图

　　首先设置图像组件的属性，上传一个巴黎图片来显示巴黎的缩略地图，如图 10-6 所示。

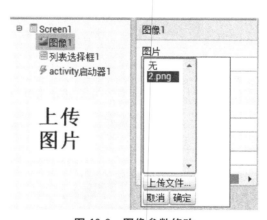

图 10-6　图像参数修改

　　将列表选择框属性"文本"设置为"选择目的地"，以更改这个列表清单按钮上的文字，如图 10-7 所示。

图 10-7　列表选择框（列表清单）参数修改

Activity 启动器 1 属性设置如图 10-8 所示。

图 10-8　Activity 启动器的参数

2. 导航功能模块实现

打开逻辑设计后，在设定"世界大冒险"的目的地列表时，需要用到的组件如表 10-3 所示。

表 10-3　组件清单

模块类型	区域	目的
变量	内置块	设置一个变量，存储要查询的地址名字
列表选择框 . 选择完成	列表选择框	点击按钮触发事件，跳转到另一个程序
Screen. 初始化	Screen	跳转成功后，初始化程序，显示目的地的信息

（1）定义漫游变量

用户点击按钮会自动跳转到目的地清单列表，点击清单列表中的任意一个名字，可调用谷歌地图查询地址。首先定义一个全局变量来储存要查询的名字，方便程序屏幕初始化时预置目的地使用，如图 10-9 所示。

图 10-9　定义全局变量存储目的地的地址列表

（2）界面跳转功能

在点击列表清单按钮时界面跳转并显示该地址所对应的地图，如图 10-10 所示。

（3）程序屏幕初始化设置

程序启动时，屏幕初始化将设置显示列表清单中的预置目的地，如图 10-11 所示。

设置跳转到
的地图位置

启动跳转

图 10-10　按钮事件

程序启动时
预置目的地

图 10-11　屏幕初始化

最终程序如图 10-12 所示。

图 10-12　最终程序图

任务小结

本任务实现了根据用户的地点选择定位地图信息，并将目的地的地理信息呈现出来的应用。重点了解 Google 地图接口的使用，启动活动（Activity 启动器）指令。通过这个任务，你体验到了"坐地日行八万里"的乐趣吗？

自我实践

读者可以根据自己的兴趣在此应用的基础上进行功能增强，例如：

● 本应用查询的地址名字都是预定义的，如何让用户自由查询目的地，而不需要预先定义？

● 考虑使用画布及其他组件优化界面。

● 能否加入语言功能（TTS），描述查询出来的地理信息。

● 尝试加入 GPS 定位，显示自己在地图上的位置。

　　三色旗是由三种颜色组成的旗帜，是三条旗的一种，多由水平或垂直的三个颜色条组成，中间可能加上某种图案。很多国家的国旗都采用三色旗的形式，荷兰国旗最早使用三色旗，而法国国旗则是最早使用的垂直三色旗之一。据说，三色旗的起源来自 1789 年 7 月法国革命期间革命军所戴的帽章。该帽章由革命军总司令拉法叶

法国国旗

侯爵（Marquis de Lafayette）设计，它采用的颜色借鉴了巴黎市市徽的红色和蓝色，原本只有红、蓝两色；后来拉法叶加入代表王室的白颜色，寓意是期望人民与王室携手合作，建立一个自由平等的新国家。在本任务中，我们将使用三个画布垂直并排，用来显示并随机生成三种颜色；通过按钮和计时器，控制画布随机生成不同颜色，创建一个三色旗变换小程序。当三色旗变换程序在点击按钮后或周期性地生成新的三色旗时，三色旗变换应用就成功完成了。

学习目标

　　在本任务中，我们将会接触到画布的使用、RGB 原理、随机数、定时器的使用和按钮的使用：

- 掌握画布的基本属性使用，使用画布的属性修改画布的背景颜色；
- 理解 RGB 原理，了解在软件中如何定义一种颜色；
- 掌握随机数的使用，并用 RGB 原理随机显示颜色；
- 掌握定时器的使用；
- 掌握点击按钮后的画布事件处理。

任务描述

本任务中的三色旗变换程序具有如下功能。

● 按钮改变颜色功能：使用按钮，可以通过随机数生成 4 个值，每次值的组合对应的是一种颜色；可以每次点击按钮，随机修改颜色一次，具有同时随机生成 3 种颜色的功能。

● 定时改变颜色功能：使用定时器，每隔一段时间就自动地改变一次画布的颜色，同时随机生成 3 种颜色。

"三色旗"程序预览如图 11-1 所示，实现逻辑如图 11-2 所示。

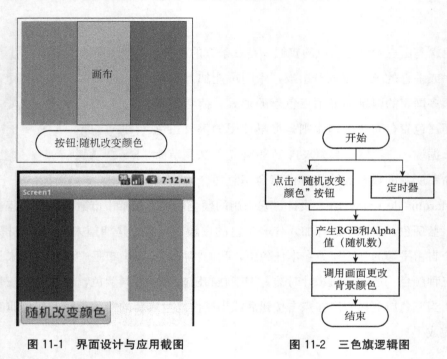

图 11-1　界面设计与应用截图　　　　图 11-2　三色旗逻辑图

实现三色旗的 3 种颜色变换的背后，使用了 RGB 原理、随机数和画布的属性与方法。

● RGB 原理：在中学的物理课中我们可能做过棱镜试验，白光通过棱镜后被分解成多种颜色逐渐过渡的色谱，颜色依次为红、橙、黄、绿、青、蓝、紫，这就是可见光谱。其中人眼对红、绿、蓝最为敏感，人的眼睛就像一个三色接收器体系，大多数的颜色都可以通过红、绿、蓝三色按照不同的比例合成产生。RGB 即 Red、Green 和 Blue（红、绿、蓝）。因此，我们通过改变 R、G、B 三种属性的数值（0～255）来表示一种颜色；再加上第 4 个参数值 Alpha（透明度），即可完整地表示颜色。

● 随机数：在本应用中，为了产生不同的颜色，使用了随机数来产生上述的 RGB 和 Alpha 的数值。

● 画布原理：为了改变屏幕所显示的颜色，使用到了画布的基本属性，以改变背景颜色。

开发前的准备工作

了解要用到的组件，组件清单见表 11-1。

● 水平布局：用于将屏幕上嵌入到布局中的组件从左到右整齐排放。

● 画布组件：画布为一矩形区域，可在其中执行绘画等触碰动作或设定动画。

在组件设计或逻辑设计中皆可设定画布背景颜色、涂料颜色、背景图片、宽度和高度等属性，注意宽度和高度的单位为像素且必须为正值。画布上的任何位置皆有一特定坐标 $(X，Y)$，其中，

• X 为坐标点距离画布左边缘之距离，单位为像素。

• Y 为坐标点距离画布上边缘之距离，单位为像素。即一般坐标的原点是屏幕左上角，坐标向下，向右扩展。

可用画布提供的事件来判断画布是否被触摸，或是动画组件是否正在被拖动。另外，画布中也提供了画点、线和圆等形状的方法。

● 按钮组件：按钮组件可在程序中设定特定的触摸动作。按钮可知道使用者是否正在按它。您可自由调整按钮的各种外观属性，或使用启用属性决定按钮是否可以被点击。

● 定时器组件：定时器组件可产生一个计时器，定期执行某个事件。它也可进行各种时间单位的运算与换算。定时器组件的主要用途之一就是产生计时器。设定时间间隔后，计时器就会定期触发，它还可以计算时间。

表 11-1　相关组件详解

名称	样式	用途
水平布局	**界面布局** 水平布局 表格布局 垂直布局	在三色旗变换程序中用于将画布按顺序排列整齐
画布组件	**绘图动画** 球形精灵 画布 图像精灵	在这里可以用于在屏幕上显示各种颜色

续表

名称	样式	用途
按钮组件	**用户界面** ■ 按钮　⑦ ✓ 复选框　⑦ ▦ 日期选择框　⑦	在这里用于点击事件，每点击一次随机改变一次颜色
定时器组件	● 加速度传感器　⑦ ▦ 条码扫描器　⑦ ⏰ 计时器　⑦ ● 位置传感器　⑦	在这里用于定时改变颜色

 任务操作

1. 布局界面设计

在三色旗变换程序中，使用画布和按钮组件及水平布局进行布局界面设计的流程如下：

①拖动水平布局到工作面板中，如图 11-3 所示。

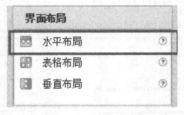

图 11-3　水平布局

②将三个画布拖到工作面板屏幕上并按顺序嵌入水平布局中，更改它的宽度（Width）、高度（Height）属性分别为 100 像素和 200 像素，如图 11-4 所示。

图 11-4　设置画布属性

③拖动按钮到工作面板中，更改按钮的名字为"按钮 _ 变换颜色"以便于使用，设置按钮的文本为"随机改变颜色"，如图 11-5 所示。

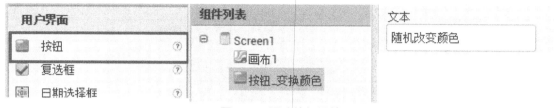

图 11-5 更改按钮属性

④最后将计时器组件拖入工作面板中，修改它的属性"计时间隔"（单位为毫秒）为5000，即每隔 5 秒改变一次颜色，如图 11-6 所示。

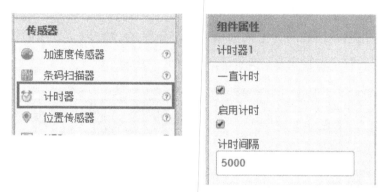

图 11-6 定时器属性

最终效果如图 11-7 所示。

图 11-7 效果图

2. 点击按钮和定时随机显示不同颜色的功能

完成了程序的布局，接下来，我们一起来实现如何点击按钮或每隔 5 秒自动改变颜色的功能。

①点击布局界面右上角的"逻辑设计"按钮进入块编辑区。

②首先定义一个表，用于储存电脑保存颜色的 4 个值 R、G、B 和 Alpha，我们用变量中的 初始化全局变量 我的变量 为 ，定义一个名为颜色的变量，如图 11-8 所示。

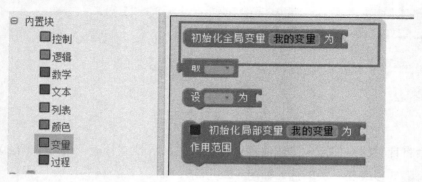

图 11-8　定义一个变量

在列表中调用创建列表的方法来创建列表，如图 11-9 所示。表中的每个列表项的值使用"数学"中的数字进行定义，如图 11-10 所示。

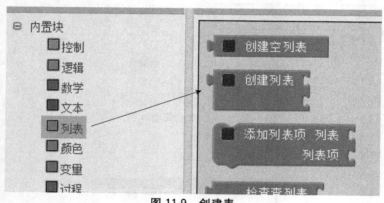

图 11-9　创建表

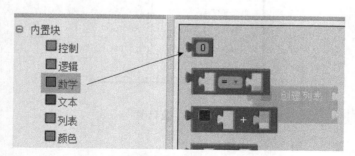

图 11-10　引用数字

首先给三色旗赋初始值，如图 11-11 所示。

至此，颜色变量的颜色值以列表的形式保存下来，同时可以在变量中找到颜色全局变量，设置全局变量的属性，如图 11-12 所示。

图 11-11　设置颜色表

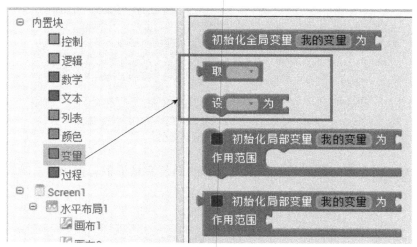

图 11-12　颜色设置

③接下来，我们就开始设置按钮点击后的动作了。找到我们定义的按钮名字，设置点击属性，如图 11-13 所示。

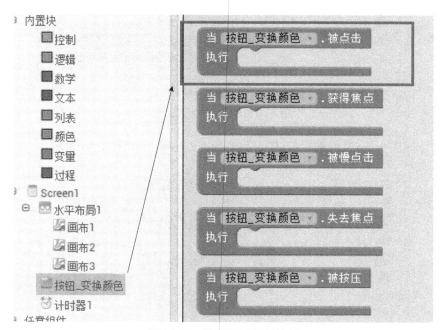

图 11-13　设置更改颜色按钮

使用控制中的循环属性，通过循环的方式（应用程序通常只有三种执行方式，即顺序结构、循环结构与选择结构），遍历我们之前定义的颜色表中各颜色的值，如图 11-14 所示。

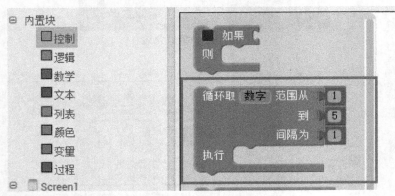

图 11-14　循环属性

可以使用"数学"中的随机整数来生成修改颜色变量的值，值为 0～255，如图 11-15 所示。

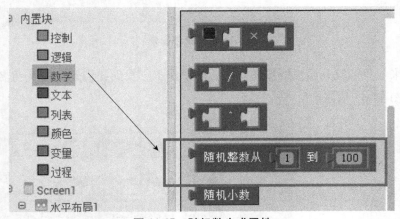

图 11-15　随机数生成属性

使用"列表"中的列表索引值通过替换来修改表项，如图 11-16 所示。

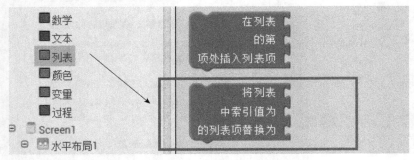

图 11-16　替换表属性

其中，索引值为循环中定义好的名字，值为数字，可以在"变量"中找到，如图 11-17 所示。

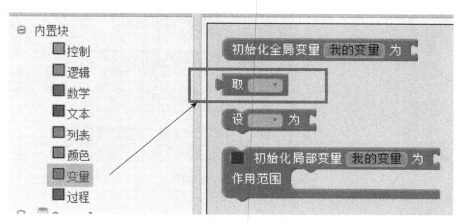

图 11-17 自定义变量

遍历所有颜色值并通过随机数来替换各值，如图 11-18 所示。

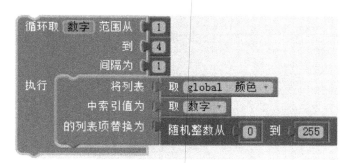

图 11-18 随机生成颜色

其中，循环和列表值替换组件的变量属性见表 11-2。

表 11-2 组件的属性

组件名	属性
循环	从：起始值，初始值为 1 到：终止值，最终值为 4（变换 RGB 这 3 种颜色即可） 间隔：步长，每次增加值为 1
列表值替换	列表：需要修改的列表，对应之前定义好的颜色变量 索引：使用上述的值来遍历颜色表格中的每个值 替换：替换为其他值，这里使用了随机数

④调用画布的"设画布 1 背景颜色"的方法，如图 11-19 所示。

使用颜色中的"合成颜色"方法来改变颜色，如图 11-20 所示。

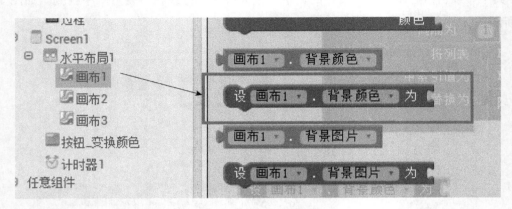

图 11-19　设置画布颜色

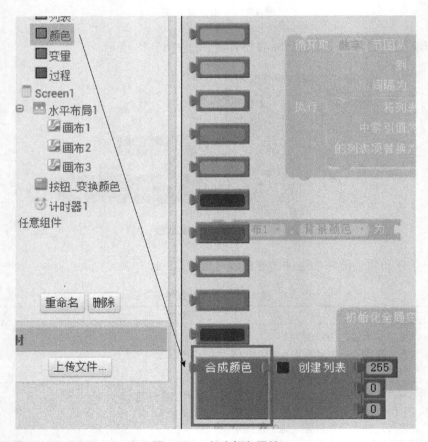

图 11-20　创建颜色属性

颜色值为我们定义好的颜色列表，如图 11-21 所示。

图 11-21　设置更改画布颜色按钮的动作

同理，我们在设定第 2 与第 3 个画布颜色时，仿照第③、④步的方法使用循环重新定义颜色值，使用画布 2 背景颜色和画布 3 背景颜色设定颜色值，如图 11-22 所示。

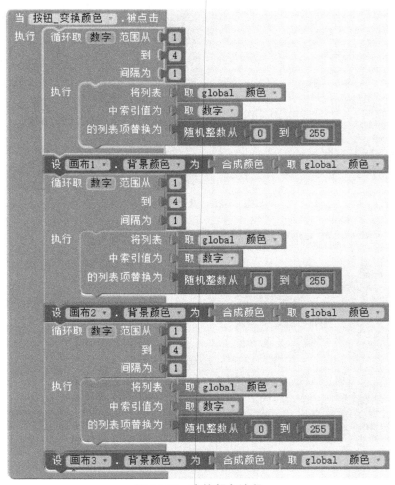

图 11-22　变换颜色流程

⑤按时自动变色。使用定时器的计时器 1 计时，如图 11-23 所示。

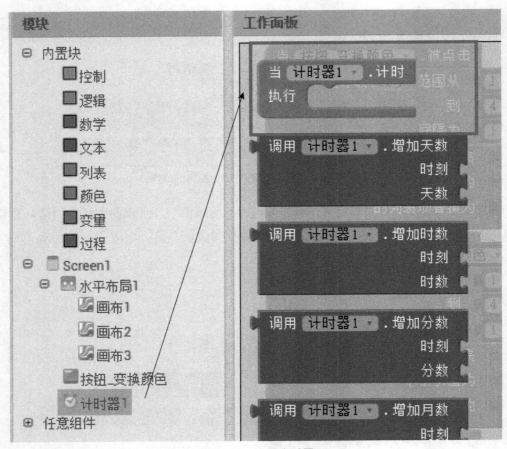

图 11-23　设置定时器

同理，按照第③步的方法定时改变颜色，如图 11-24 所示。

图 11-24　定时器动作

同理，仿照上述方法修改画布 2 和画布 3 的背景，如图 11-25 所示。

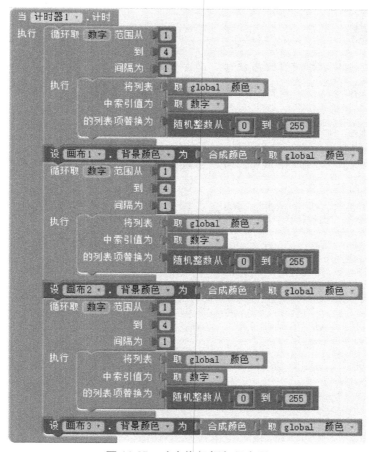

图 11-25　改变旗帜颜色程序图

至此，应用中的三色旗能够随时间周期性地变换颜色了。最终程序如图 11-26 所示。

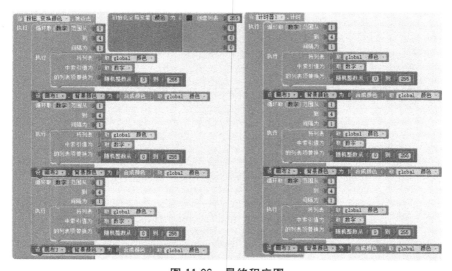

图 11-26　最终程序图

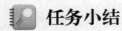

任务小结

本任务中我们学习了如何使用按钮、画布和定时器，利用随机数方法随机生成颜色的值，并通过列表来保存一个颜色的列表，最后完成了三色旗变换应用的制作。

自我实践

读者可以根据自己的兴趣在此应用的基础上进行功能增强，例如：

● 晃动手机改变颜色。

● 指定国家名称生成其对应的三色旗，比如意大利国旗、爱尔兰国旗、乍得国旗、几内亚国旗等。

我是大画家——涂鸦

　　说起涂鸦，最初是指在古迹、古墓或废墟上找到的铭文或图画。最早时期的涂鸦可以追溯至德国尼安德特人。20 万～30 万年前，尼安德特人已经懂得在洞穴内涂鸦。有时涂鸦和笔名一样，能反映作者的修养。涂鸦常包括创作的年份、作者的名字及其简称，或反映作者的一些经历、回忆或追忆。一些涂鸦内容甚至含有隐语。在本任务中，我们与您一起一步一步地完成好玩有趣的"我是大画家——涂鸦"应用。

意大利罗马街头的涂鸦

　　本任务通过使用画布组件（画布）的画点、画线和更换颜色的属性来创建"我是大画家——涂鸦"程序，并使用拍照功能，将照片变为画布的背景，使用不同颜色的点和线来涂鸦。当我们能用不同颜色的点、线来绘制图形，并能够使用照相功能和改变绘制点线大小时，"我是大画家——涂鸦"程序就完成了。

🎯 学习目标

　　● 使用画布的绘制功能：掌握画布的画点、画线、更换绘制颜色和改变背景图片的属性，学会通过按钮点击来更改画布的绘制属性；

　　● 使用照相机拍照：掌握通过照相机获取照片，并将照片设置为画布背景。

👥 任务描述

　　在"我是大画家——涂鸦"小程序中，需要具有如下功能。

　　● 颜色功能：点击屏幕上的几种颜色按钮，更改绘制图形的颜色；

　　● 点线功能：可以选取线或点，绘出小点或者流畅的线或是射线；

- 清除功能：可以清除画布上的涂鸦；

- 绘制图形大小功能：可以改变点、线的大小；

- 拍照功能：可以利用照相机拍照并涂鸦。

"我是大画家——涂鸦"应用预览如图 12-1 所示。程序的逻辑如图 12-2 所示。

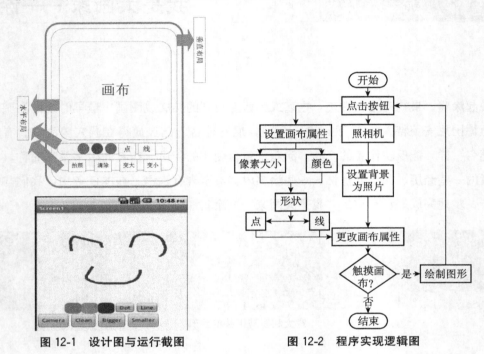

图 12-1　设计图与运行截图　　　　图 12-2　程序实现逻辑图

在"我是大画家——涂鸦"程序中，我们将主要使用到画布属性的原理：画布是一种能接收触摸点击的面板，可以用于绘制图形。触摸时会产生坐标（X，Y），我们可以根据坐标位置在该坐标上绘制出点或线。绘制的点或线的大小，可以通过调整画布上绘制点或线的像素大小来改变。所谓像素，为图像显示的基本单位，英文 pixel，pix 是英语单词 picture 的常用简写，加上"元素"element，就得到 pixel，故"像素"表示"图像元素"之意，实际上是一个面积的概念。因为一般电脑/数码相机等生产出来的图片的水平分辨率和垂直分辨率都相等，每个像素是一个极微小的正方形。

📊💻 开发前的准备工作

本应用将要用到的组件如表 12-1 所示。其中，照相机组件简单有趣，它可以使用 照相机.拍照 方法来调用智能终端上的照相机功能进行拍照。在拍照完成之后，可通过 照相机.拍摄完成 事件获取图像参数，得到刚刚所拍照片的位置，让其他组件可以使用图片，再利用图片来做许多有趣的事（如设置背景图片等）。

表 12-1　组件详解

名称	图示	用途
按钮组件	 组件面板 用户界面 按钮	在这里我们用于定义改变颜色的按钮，如照相、清除、点及点大小和线的按钮
画布组件	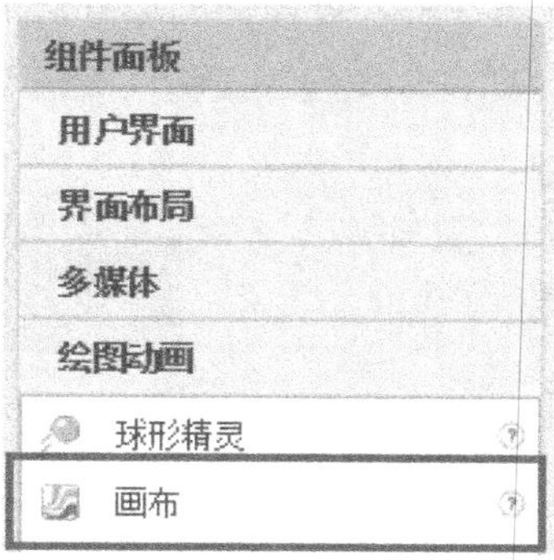 组件面板 用户界面 界面布局 多媒体 绘图动画 球形精灵 画布	在这里我们用于在屏幕中绘制图形，同时它具有可改变的属性如背景图片。在后面任务操作中，我们将使用照相机把照片变成背景图再进行涂鸦
布局组件： 垂直布局 水平布局	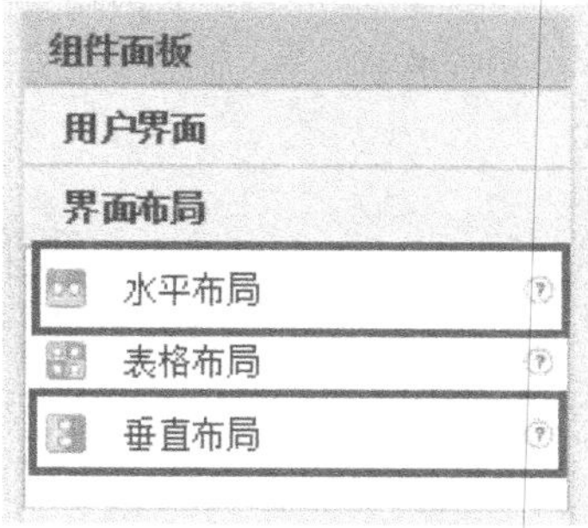 组件面板 用户界面 界面布局 水平布局 表格布局 垂直布局	在这里我们用于调整按钮画布等在屏幕上的排布，使其变得更好看
照相机组件	 组件面板 用户界面 界面布局 多媒体 摄像机 照相机	在这里我们用于拍照并放在画布中进行涂鸦

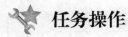

任务操作

1. 布局界面设计

在"我在大画家——涂鸦"程序中，画图操作需要用到如下按钮：颜色按钮、清除按钮、点按钮、线按钮、图形变大和变小按钮。在布局界面设计流程中，首先拖动垂直布局组件到工作面板屏幕上，如图 12-3 所示。再依次将水平布局组件嵌入垂直布局中，如图 12-4 所示。接着需要修改布局的尺寸，在组件属性中，可设置让最外边的垂直分布填充整个屏幕。在这里，我们用垂直布局填满屏幕（即将"宽度"设为"充满"），如图 12-5 所示。

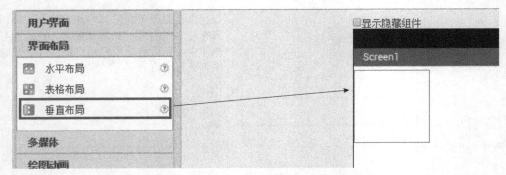

图 12-3　组件清单

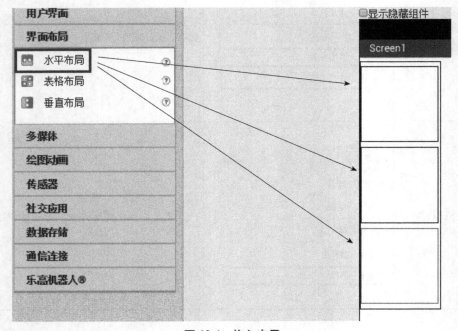

图 12-4　拖入布局

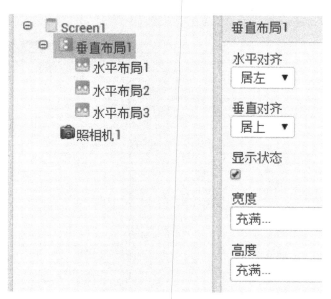

注：宽度（充满）是指在一个框架内填满（如在屏幕内，则填满屏幕）；高度（如自动）是指自动适应包在里面的内容大小。

图 12-5 设置布局属性

对于将要嵌入画布的第一个水平布局设定其所占屏幕比例，我们定义它"高度"为 300 像素，"宽度"为充满。将要嵌入按钮的水平布局再按一定比例设定大小，嵌入颜色、点和线按钮的这层水平布局定义"高度"为 35 像素，如图 12-6 所示。

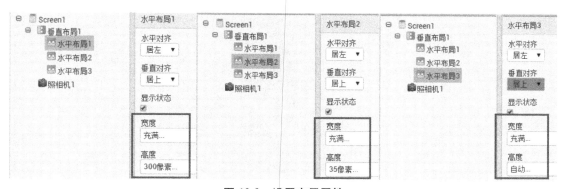

图 12-6 设置布局属性

嵌入照相、清除和大小按钮的这层水平布局设定为自动大小，依次把画布和按钮拖入对应的水平布局中，并拖入照相机组件，你会发现这几个按钮的大小实现了自动均匀分布，如图 12-7 所示。

修改画布（画布）宽度、高度都为"充满"框架并更改组件栏的按钮名字，例如红色、绿色、蓝色、点、线、相机、清除、变粗、变细、照相机 1 等，便于使用，如图 12-8 所示。

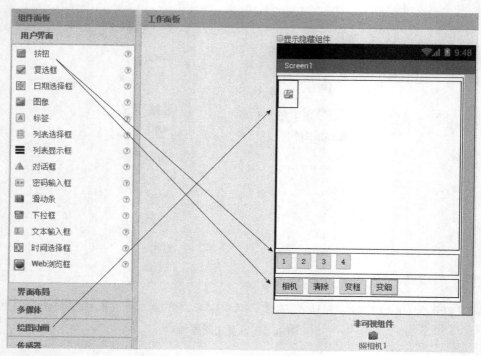

图 12-7　拖入画布按钮

图 12-8　按钮更名

为了让颜色按钮更好看，我们分别在属性栏中更改红色、绿色、蓝色按钮的属性，见表 12-2。

表 12-2　红色、绿色、蓝色按钮的属性

* 背景颜色 (Background Color)			* 形状（Shape）	* 文本（文本）	* 宽度和高度
组件属性 红色 背景颜色 ■ 红色	**组件属性** 绿色 背景颜色 ■ 绿色	**组件属性** 蓝色 背景颜色 ■ 蓝色	形状 圆角　▼	文本	宽度 35像素... 高度 充满...
依次将三个按钮更改为红色、绿色、蓝色			都更改为圆角	都设置为空	宽度设置为 35 像素（与水平布局高度相等），高度填充满

最终效果如图 12-9 所示，在图形界面设置完成后我们将学习如何处理不同事件。

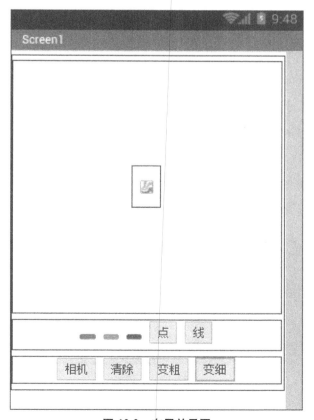

图 12-9　布局效果图

2. 程序的点击颜色、点线、照相、清除和大小按钮的绘制功能

完成应用布局后，接下来将介绍如何处理各种点击事件。

①点击布局界面右上角的"逻辑设计"按钮进入块编辑区。

②在画布上画点，在未选择点或线时，默认使用点绘制。当画布被拖动时，使用 当画布1.被拖动 方法绘制点， 调用画布1.画点 方法，如图 12-10 所示。

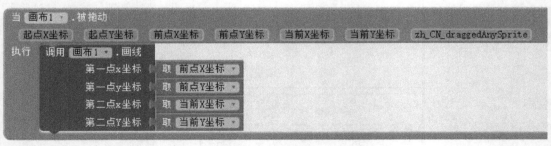

图 12-10　设置画布拖动

画布拖动时的相关变量如表 12-3 所示。

表 12-3　画布变量

变量	属性	变量	属性	变量	属性
起点 X 坐标	拖动开始时的 X 坐标	前点 X 坐标	拖动前的 X 坐标	当前 X 坐标	拖动时当前 X 坐标
起点 Y 坐标	拖动开始时的 Y 坐标	前点 Y 坐标	拖动前的 Y 坐标	当前 Y 坐标	拖动时当前 Y 坐标

在这里，我们使用拖动时当前的 $(X，Y)$ 坐标进行画点（画点功能）。

③在画布上画线。同理 当画布1.被拖动 时，绘制线条使用 调用画布1.画线 方法，使用前点 X 坐标和 Y 坐标作为初始位置，使用当前 X 坐标和 Y 坐标作为结束位置，可以画出流畅的线条，如图 12-11 所示。如果想画出射线，则使用拖动开始时的坐标 X 和 Y 作为初始位置，线的结束位置为拖动当前坐标 X 和 Y；因为画布以拖动刚开始时的坐标和拖动后的当前坐标画线，所以当前坐标改动时，就会绘制出一射条线，如图 12-12 所示。

图 12-11　画直线

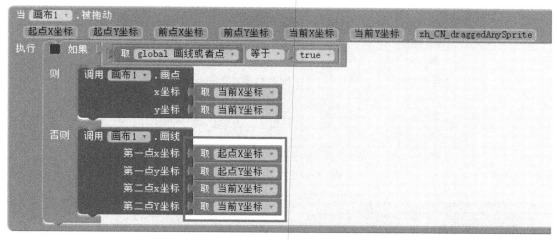

图 12-12　画射线

④接下来，我们可以通过点击按钮来设置变量 画线或者点 的真假；并通过它的真假，使用控制中的 如果…则…否则 组件，根据变量 画线或者点 的真假来选择绘制点或线，如图 12-13 所示。

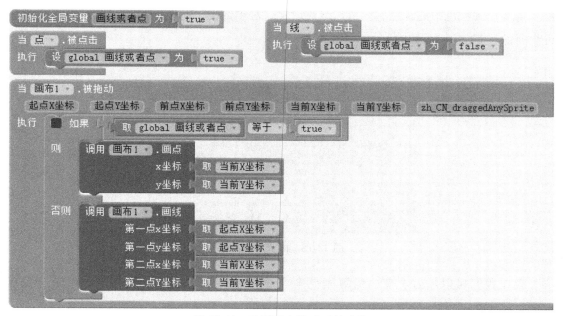

图 12-13　设置画布拖动后的动作

实现点击按钮画点或画线时，需首先设定一个判断当前行为的全局变量。在"变量"中，使用"初始化全局变量"组件，如图 12-14 所示。

设置变量名为 画线或者点 并为真（true），表示默认绘制点，如图 12-15 所示。

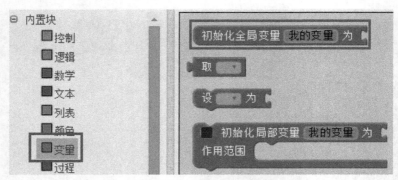

图 12-14　设置全局变量

初始化全局变量 画线或者点 为 true
当 点 .被点击
执行 设 global 画线或者点 为 true

当 线 .被点击
执行 设 global 画线或者点 为 false

图 12-15　设置是否画线或画点

至此，已经可以控制画点或线了。下面再学习如何使用不同颜色进行绘画。

⑤实现不同颜色的切换。颜色切换需要使用到画布 1 组件中的 设画布 1 . 画笔颜色 方法及需要用到颜色中的红色、蓝色、绿色设置。对于红色、蓝色、绿色三个按钮点击事件发生时的处理如图 12-16 所示。

当 红色 .被点击
执行 设 画布1 . 画笔颜色 为

当 绿色 .被点击
执行 设 画布1 . 画笔颜色 为

当 蓝色 .被点击
执行 设 画布1 . 画笔颜色 为

图 12-16　设置颜色按钮

现在我们可以用红、蓝、绿等颜色来绘制点或线了。

⑥照相设置背景。使用相机按钮的 当相机 . 被点击执行 事件完成设置点击照相按钮后的动作，如图 12-17 所示。

图 12-17　设置拍照按钮

调用照相机 1 组件的 调用照相机 1. 拍照 方法，如图 12-18 所示。

图 12-18 调用拍照属性

拍照事件发生后进入照相功能，如图 12-19 所示。

图 12-19 设置拍照动作

为使用拍照后的照片，我们利用 当照相机 1. 拍摄完成 方法设置拍照后的动作，如图 12-20 所示。

图 12-20 使用拍照后的方法

我们会得到 图像位址 图像的属性，它是照片的地址；然后使用画布 1 中的 设画布 1. 背景图片为 方法设置背景图片为图像图片，如图 12-21 所示。

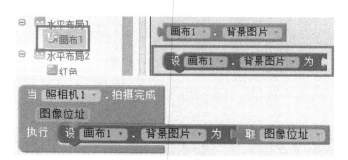

图 12-21 设置画布背景为相片

⑦设置清除按钮。用于清除画布上的图，我们使用清除组件中的 当清除. 被点击 方

法来设置点击后的动作，使用画布 1 中的 调用画布 1. 清除画布 方法来清除画布上的图，如图 12-22 所示。

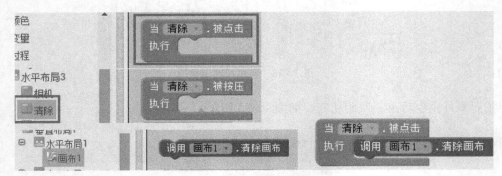

图 12-22　清除按钮

⑧设置画布绘制点线变大和变小的按钮。先定义一个全局变量宽，定义点和线的"宽"为 5 像素；该变量用于画布绘制点线的粗细，单位为像素，如图 12-23 所示。

图 12-23　设置像素大小

接下来我们设置"变细"按钮，使用它的 当变细. 被点击 属性，再把鼠标放在全局变量"宽"上得到并使用 设 global 宽为 的方法，使其值可以更改；如每点击变细按钮一次，对应的像素值减小 1，如图 12-24 所示。

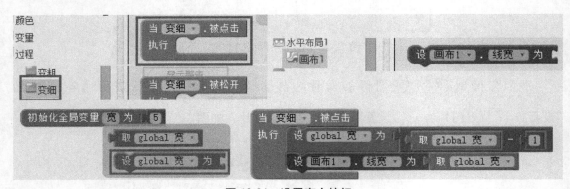

图 12-24　设置变小按钮

同理，当设定"变粗"按钮时，我们使"宽"的值每次加 1 即可，如图 12-25 所示。

图 12-25　设置变大按钮

最后应用需完成的模块如图 12-26 所示。

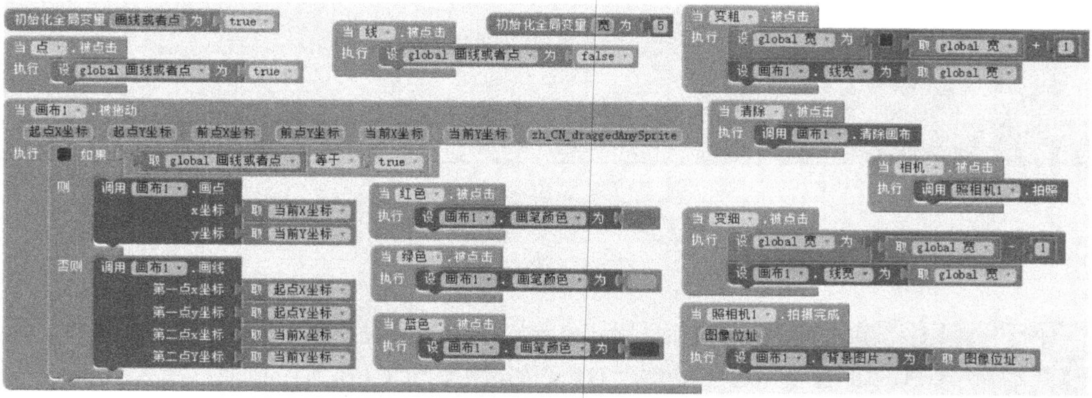

图 12-26　"我是大画家——涂鸦"总程序图

任务小结

我们学习了如何使用画布的方法（画点、画线、绘制图形的大小、更改颜色），学习了处理按钮被点击后的动作（设置颜色、设置大小、设置点或线、调用照相机）。结合以上内容，你能否迅速完成一个涂鸦程序呢？动手试试吧！

自我实践

读者可以根据自己的兴趣在此应用的基础上进行功能增强，例如：画出圆形或者使用更多种颜色涂鸦。

小鸡快跑游戏

看过《侏罗纪公园》吗?《侏罗纪公园》是世界知名的电影之一,让我们与相隔千万年的地球生物再度相见于光影中,使公众对恐龙的兴趣大大提升,很大程度上加强了恐龙在流行文化中的影响,同时关于史前恐龙的新理论也更快速地向世人传递(例如恐龙与鸟类之间具有演化的关系)。高大凶猛的恐龙是否让你既害怕又好奇呢? 能否想象出恐龙被小鸡(鸡和恐龙具有一个最近的共同祖先)追赶的情形? 在本任务中,我们将制作一个用手拖动恐龙追小圆球,小鸡跟随恐龙的小程序,让其遇见恐龙变大时而吓跑。我们将用小圆球、定时器和图像精灵来创建小游戏,当恐龙变大而小鸡消失时,程序就完成了。

学习目标

● 学习使用图像精灵的有趣属性。掌握图像小精灵的移动方向、速度属性、图片大小动态设置,以及图像小精灵之间碰撞后的事件处理。

● 掌握定时器的作用,以及通过它周期性地执行一些事件。

● 学会使用随机数的应用,将它用于改变小球位置的坐标。

任务描述

"小鸡快跑"程序具有如下功能。

● 动态使恐龙图形变大:在小程序中,我们可以拖动恐龙追小圆球,每次追上小圆球即让恐龙增大;

● 小鸡自动跟随恐龙:让小鸡随着恐龙移动的方向移动,追逐恐龙;

● 小鸡自动隐藏消失:当小鸡的大小小于恐龙时,小鸡自动隐藏起来。

"小鸡快跑"程序预览和实现逻辑分别如图 13-1 和图 13-2 所示。

在本任务中,我们主要使用下列图像精灵的属性原理,对恐龙和小鸡进行操作,并使用随机数原理动态更改小圆球的坐标:

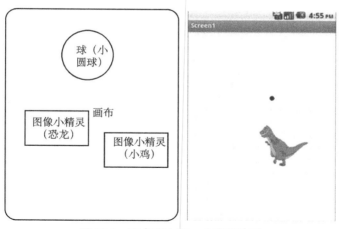

图 13-1 恐龙变大了，小鸡吓跑了

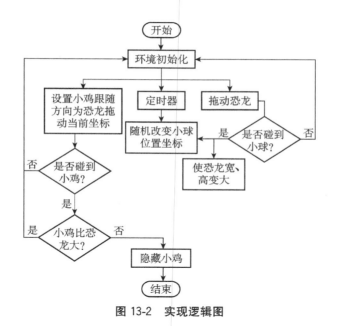

图 13-2 实现逻辑图

● 图像精灵具有对碰撞后处理事件的属性，我们可以在碰撞后使用更改图片宽度、高度大小的属性，使用图片的速度和方向属性让图片能够自动移动，并调用设置隐藏图片属性的方法来隐藏图片。

● 随机数可以在一个确定的数值范围内无规律地产生一个数值，可用此数值来定义小圆球出现的坐标（X，Y），由此坐标确定小圆球出现的位置。

开发前的准备工作

本应用将要用到的组件见表 13-1。球形精灵组件为球形的特殊动画组件，放于画布中，当它被触碰、拖动、与其他动画组件（图像精灵或小球）接触时，或与画布边缘接触时，它可根据不同事件执行对应动作。球形精灵组件也可依照其属性自行移动。

表 13-1 组件分析

名称	图示	分析
球形精灵组件	绘图动画 球形精灵 画布 图像精灵	在这里用于定义在画布上显示小球并可以根据事件而改变位置
画布组件	绘图动画 球形精灵 画布 图像精灵	在这里用于显示小球的运动
图像精灵组件	绘图动画 球形精灵 画布 图像精灵	在这里用于小鸡、恐龙图像在画布上变动位置
定时器组件	传感器 加速度传感器 条码扫描器 计时器 位置传感器 NFC	在这里用于设定一定时间，改变小球位置

使用到的图片资源如图 13-3 所示。

图 13-3 恐龙、小鸡图片

任务操作

1. 布局界面设计

在"小鸡快跑"程序中，我们用到画布、球形精灵、图像精灵和定时器，布局界面设计过程如下。

①拖动画布到工作面板上，设置画布高度为 320 像素，宽度为充满，如图 13-4 所示。

图 13-4　设置画布属性

②将球形精灵组件拖入到画布之中，位置随意放置，画笔颜色用于设置小球颜色，小球的半径可自定义；拖动两个图像精灵于画布中，位置可随意摆放；最后将定时器拖入工作面板中即可，如图 13-5 至图 13-7 所示。

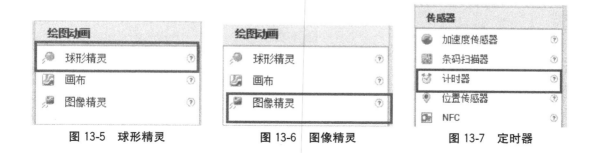

图 13-5　球形精灵　　　　**图 13-6　图像精灵**　　　　**图 13-7　定时器**

③修改组件的名字和属性，将图像精灵组件分别命名为恐龙和小鸡，球形精灵组件命名为小球，如图 13-8 至图 13-10 所示。

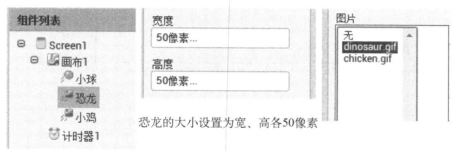

恐龙的大小设置为宽、高各50像素

图 13-8　设置恐龙的属性与资源

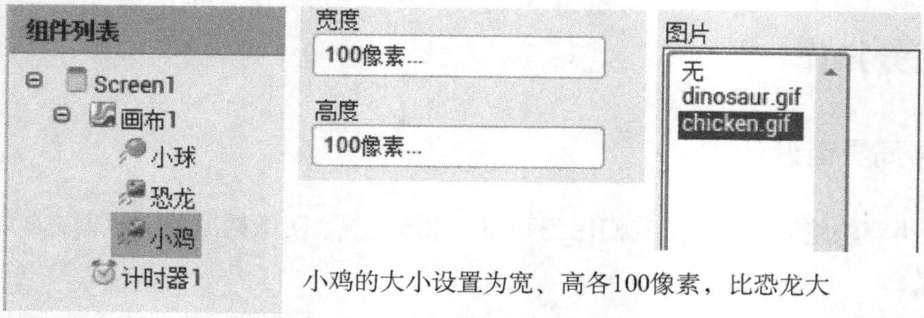

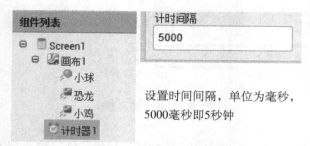

小鸡的大小设置为宽、高各100像素，比恐龙大

图 13-9　设置小鸡的属性与资源

设置时间间隔，单位为毫秒，
5000毫秒即5秒钟

图 13-10　设置时钟属性

最终游戏的界面效果如图 13-11 所示。

图 13-11　最终效果图

2. 小鸡、恐龙、小球间的互动功能

完成了程序的布局，接下来，将介绍如何根据拖动恐龙的位置，实现让小鸡跟随和让

小球碰到恐龙时自动闪开的功能。

①点击布局界面右上角的"逻辑设计"按钮进入逻辑设计区。

②首先我们定义一个"尺寸大小"全局变量，用来累加恐龙的大小。我们定义"尺寸大小"为1，表示每次恐龙碰到小球其宽度和高度都增加一个像素，如图13-12所示。

初始化全局变量 尺寸大小 为 1

图 13-12　设置变量来定义大小

③再设置恐龙被拖动时的动作，使用 恐龙 . 被拖动 事件进行处理，如图13-13所示。

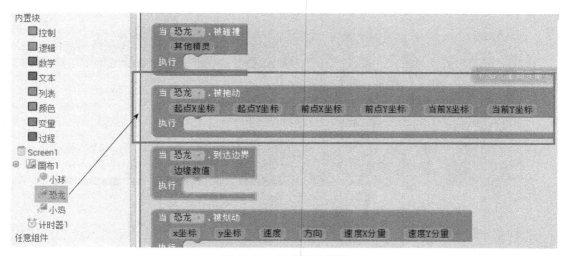

图 13-13　恐龙拖动属性

使用 调用恐龙 . 移动到指定位置 方法来控制恐龙位置，如图13-14所示。

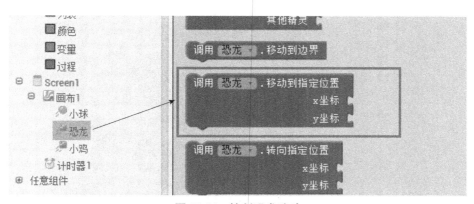

图 13-14　控制恐龙移动

当恐龙移动后，我们使用 调用小鸡 . 转向指定位置 方法来保持小鸡朝恐龙的位置移动，如图13-15所示。

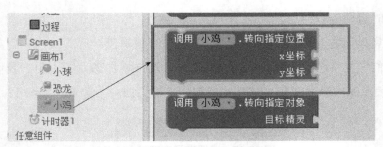

图 13-15　小鸡移动朝向属性

将它们依次嵌入，将拖动时当前的坐标（X，Y）设定为恐龙和小鸡的位置，如图 13-16 所示。

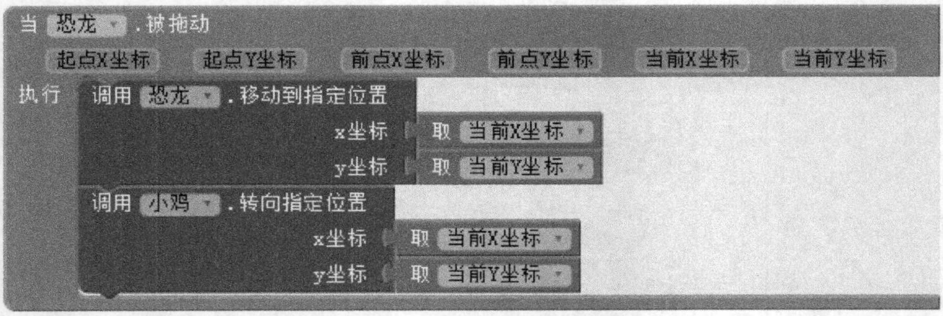

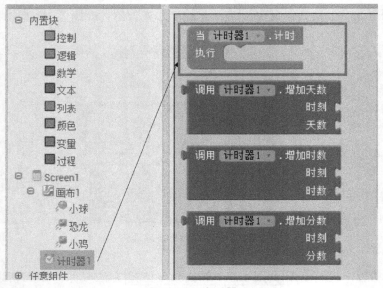

图 13-16　设置小鸡和恐龙的移动

④控制小球定时自动改变位置。我们使用定时器 当计时器1. 计时 事件来控制小球移动，如图 13-17 所示。

图 13-17　定时器

用随机整数 1～300 作为坐标值，如图 13-18 和图 13-19 所示。

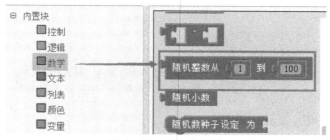

图 13-18　产生随机数

随 机 改 变 小 球 位 置，使 用 设小球.X坐标为 和
设小球.Y坐标为 ，设定小球的 （X，Y）值，如图 13-20
所示。最终按顺序嵌入。

图 13-19　随机数改变坐标

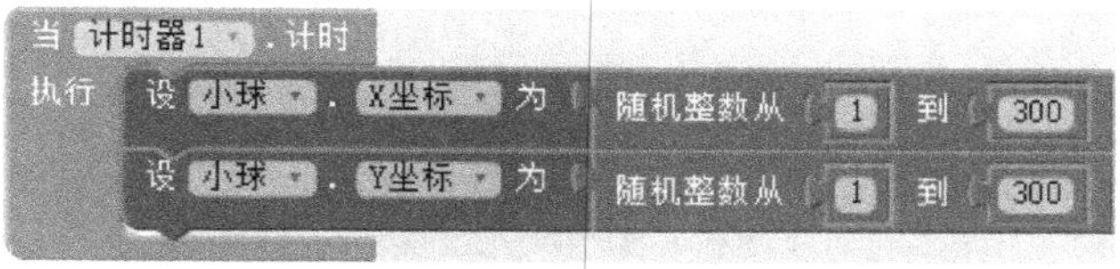

图 13-20　设置定时改变小球位置

至此小球便能随时间变换位置了。

⑤实现碰到小球后恐龙变大功能。我们使用 当小球.被碰撞 事件进行处理，如图 13-21
所示。

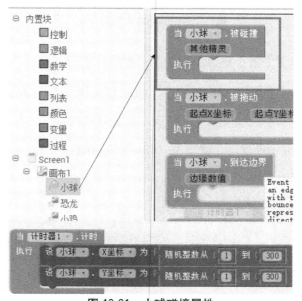

图 13-21　小球碰撞属性

获得与之碰撞的事件后，再通过条件判断语句判定与之追逐的是否是恐龙，如图 13-22 所示。

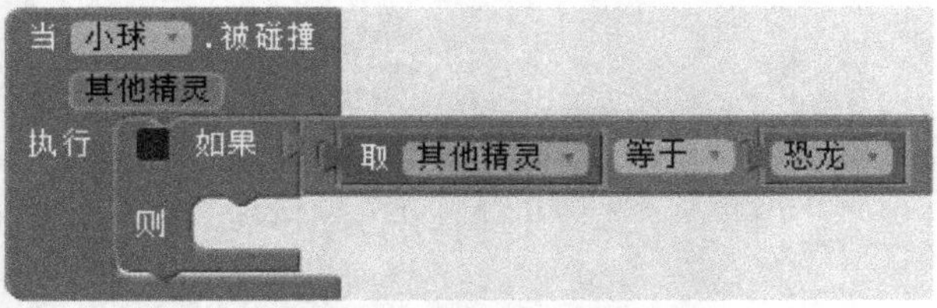

图 13-22　设置小球碰撞

同时仿照步骤④的方法，用随机数将小球位置改变。恐龙大小通过 设恐龙.高度为 和 设恐龙.宽度为 方法来实现，使用 恐龙.高度 和 恐龙.宽度 中恐龙原来的大小加上步骤②中设定的"尺寸大小"全局变量来保存恐龙新的大小，如图 13-23 所示。

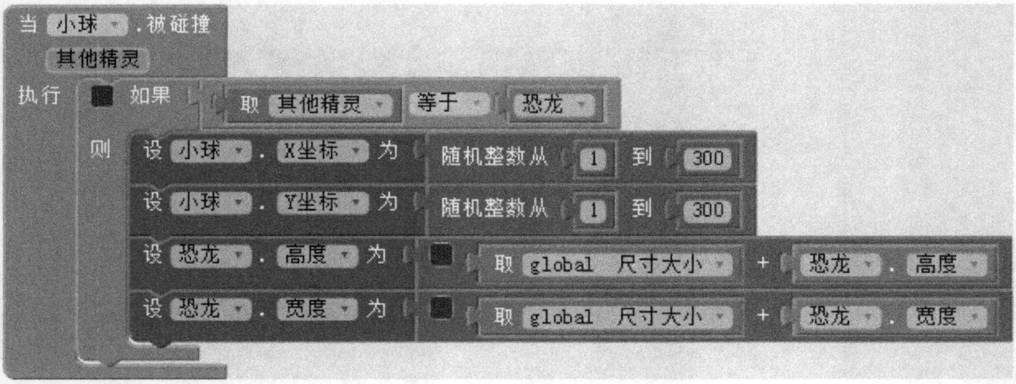

图 13-23　小球碰撞后的处理

⑥最后，我们处理恐龙被小鸡追上的情况。我们设定恐龙和小鸡的大小相等或更大时，小鸡自动隐藏。与步骤⑤同理，我们使用 当小鸡.被碰撞 事件，当小鸡碰上恐龙时，判断两者的大小。因为恐龙和小鸡的宽高比例一致，故我们只判断一项，如高度即可，然后使用 设小鸡.显示状态为 方法将其属性置为否（false），这样就可以把小鸡隐藏了，如图 13-24 所示。

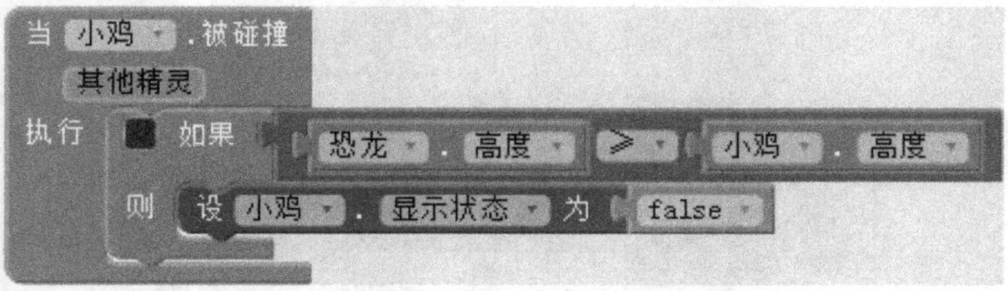

图 13-24　小鸡碰撞后动作

最终游戏的块结构如图 13-25 所示。

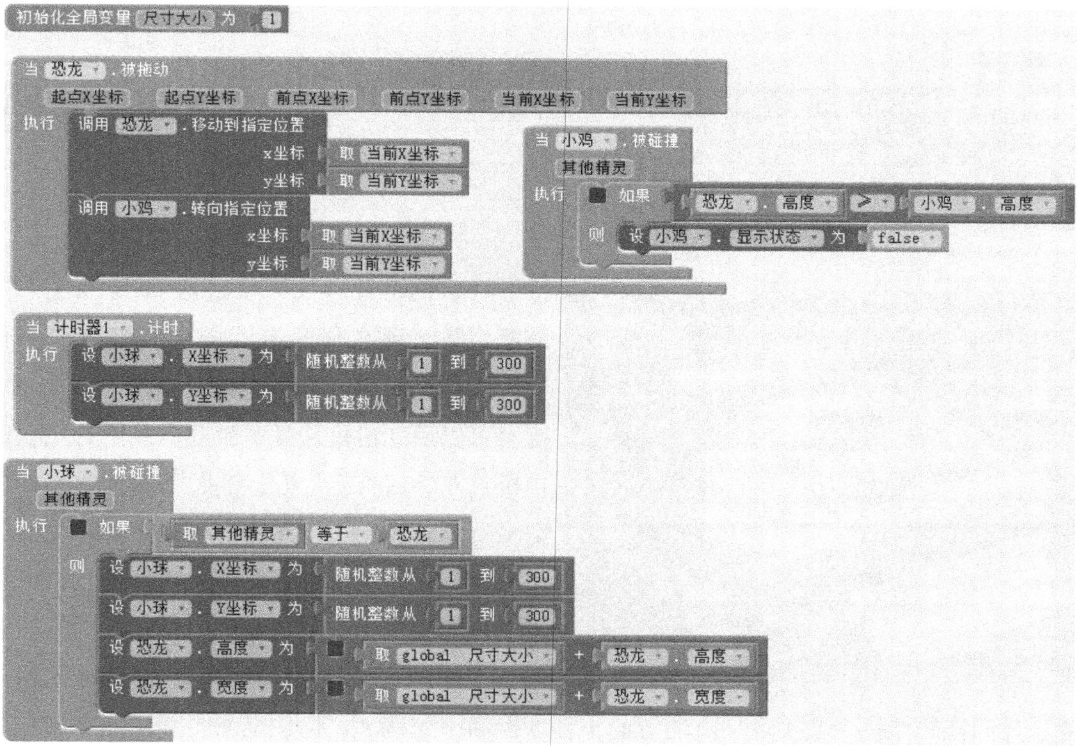

图 13-25　小鸡快跑总程序图

任务小结

本任务中我们学习了使用定时器控制小球周期移动，利用随机数产生随机的坐标和使用图像精灵组件完成一个类似"贪吃蛇"的小游戏。通过完成这个任务，你是否能制作一个"老鹰捉小鸡"的游戏呢？

自我实践

读者可以根据自己的兴趣在此应用的基础上进行功能增强，例如：

● 让小鸡被恐龙追，拖动小鸡追小球。

● 每次恐龙被小鸡追上后计分，并用标签组件显示。

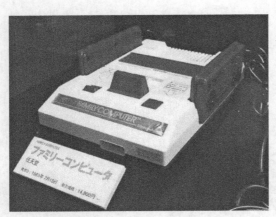

　　红白机是日本任天堂公司 1983 年生产的游戏主机，现在很多游戏的前身都来自红白机。红白机为游戏产业做出了相当大的贡献，甚至可以说红白机是日本游戏产业的起点。红白机曾在 20 世纪八九十年代风靡世界，相信很多玩家都有在童年时代玩红白机游戏的经历，也有很多玩家就是从这个神奇的主机开始了自己的游戏生涯。在本任务中，我们通过制作一个虚拟游戏手柄，体验红白机时代的乐趣。我们将制作一个使用虚拟方向键的小程序控制小猫移动，抓住老鼠！使用画布来创建上、下、左、右的控制键，使用图形小精灵来跟随按键的动作，使用定时器让老鼠跳动。当我们成功控制小猫抓到老鼠，老鼠消失后，应用开发就成功完成了。

学习目标

● 学习使用画布的属性，制作虚拟按键。掌握画布的基本属性，完成按下、抬起的动作设置。

● 学会用定时器和随机数使图片位置定时随机改变。掌握对于图形小精灵位置属性的更改。

● 学会处理图片间碰撞后的动作。掌握图形小精灵的碰撞属性及其事务。

任务描述

小猫捕鼠程序具有如下功能。

● 虚拟手柄：使用虚拟的方向键控制小猫移动。

● 障碍物：当小猫从一个方向移动碰到障碍物时无法移动，可往其他方向移动。

● 老鼠自动消失：小猫碰到老鼠时，老鼠消失，游戏结束。

"小猫捕鼠"游戏设计图与应用截图如图 14-1 所示，程序的实现逻辑如图 14-2 所示。

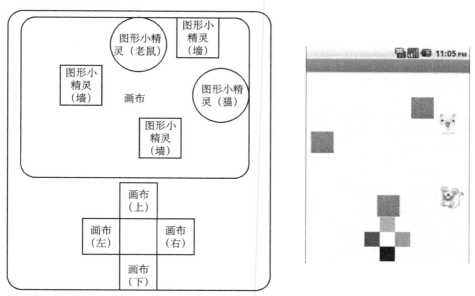

图 14-1　小猫捕鼠设计图与应用截图

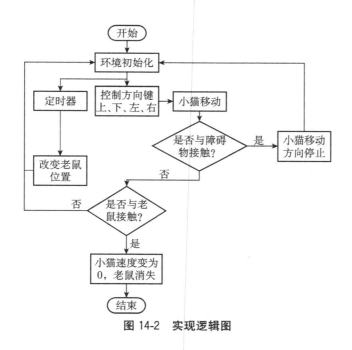

图 14-2　实现逻辑图

对于虚拟手柄功能我们使用"画布"来实现：

● 画布具有按下与抬起的属性，当我们按住虚拟手柄时，实际为按下画布；据此，我们可以通过画布的状态来判断是否按住了虚拟手柄。

● 当画布按住一个方向键时，我们设定小猫朝向一个角度，并按照设定的速度进行移动。

● 当虚拟按键抬起时，设定小猫速度为 0，即停止移动。

障碍物通过图形小精灵的碰撞属性实现：当图形小精灵互相碰撞时，可以判断碰撞的物体，并设定碰撞时移动的图形小精灵速度减为 0。

老鼠随机出现的原理为：通过计时器，每隔一段时间改变老鼠坐标一次。

开发前的准备工作

需要准备的组件如表 14-1 所示。

表 14-1　组件清单

名称	图示	用途
画布组件	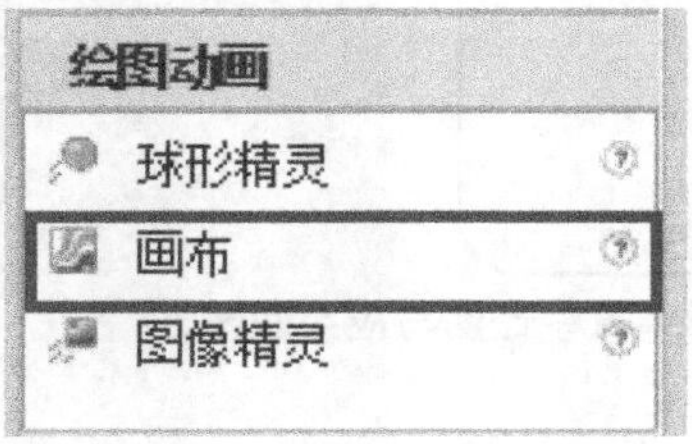 **绘图动画** 🔍 球形精灵 🖼 画布 🖼 图像精灵	用于在屏幕显示小猫的移动、障碍物的位置和虚拟控制手柄按钮
图形小精灵组件	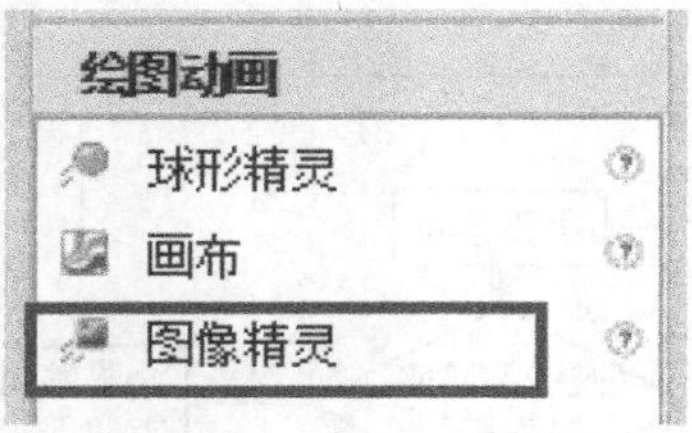 **绘图动画** 🔍 球形精灵 🖼 画布 🖼 图像精灵	用于小猫和障碍物在画布上的位置变动
表格布局	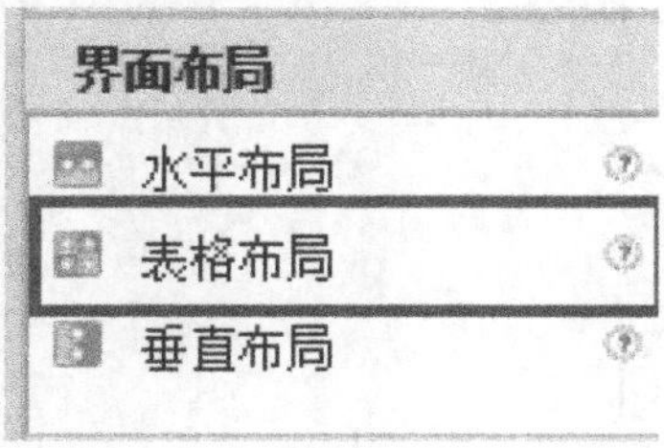 **界面布局** 💠 水平布局 💠 表格布局 💠 垂直布局	这里用于排版虚拟方向键
计时器	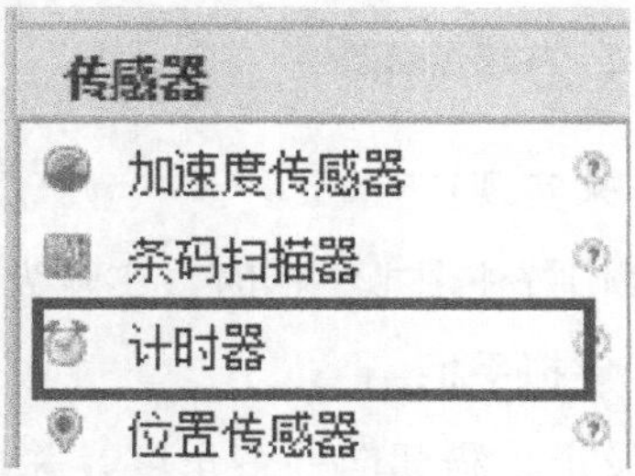 **传感器** ⚫ 加速度传感器 🔳 条码扫描器 ⏱ 计时器 💡 位置传感器	用于每隔一段时间，让老鼠位置改变

"小猫捕鼠"游戏中所需的图片如图 14-3 所示。

小猫图片，用于控制手柄移动小猫进行游戏

老鼠图片，用于随机出现，让小猫抓，抓到后则消失

障碍物，用于阻碍小猫移动

图 14-3　图片资源

 任务操作

1. 布局界面设计

在程序布局界面中，我们主要用到画布和图形精灵，布局界面设计流程如下。

①拖动画布到工作面板上。设置画布宽度、高度各为 300 像素，如图 14-4 所示。

图 14-4　设置画布属性

②拖动 5 个图形小精灵置于画布中（见图 14-5），其中小猫和障碍物的位置可随意摆放，我们把小猫组件和老鼠组件分别命名为 cat 和 mouse，如图 14-6 所示。

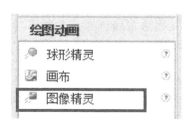

图 14-5　图形小精灵

图 14-6　更名

剩余 3 个图形小精灵作为障碍物，分别设置 X 坐标和 Y 坐标的值为（0，125）、（130，255）和（196，53），如图 14-7 所示。

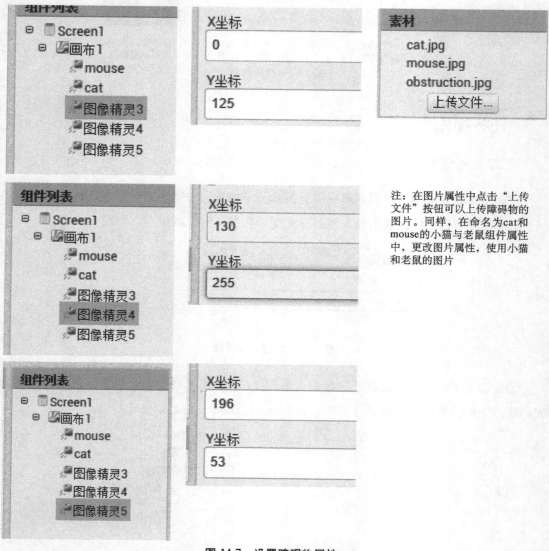

注：在图片属性中点击"上传文件"按钮可以上传障碍物的图片。同样，在命名为cat和mouse的小猫与老鼠组件属性中，更改图片属性，使用小猫和老鼠的图片

图 14-7　设置障碍物属性

③接着在画布的下方，我们通过插入一个表格布局，用来嵌入 4 个虚拟方向键。我们拖入表格布局组件并设置其列数和行数都为 3，表示为一个 3×3 的表，如图 14-8 所示。

拖动 4 个画布到工作面板中，代表上、下、左、右键，并改名为 up、down、left、right，在表格中呈 4 种方向排列，

图 14-8　设置表格布局属性

并用不同背景颜色来表示，每个画布都设定其宽度、高度各为 30 像素，如图 14-9 （a）所示。画布 up、left、down、right 在表格布局中的排布如图 14-9 （b）所示。

(a)　　　　　　　　　　　　　　(b)

图 14-9　设置虚拟控制键属性和画布布局

④最后，我们拖入计时器，用于定时地让老鼠改变位置。计时间隔，这里设置为 5000 毫秒，即让老鼠每隔 5 秒换一个位置，如图 14-10 所示。

图 14-10　设置定时器属性

可参考的应用执行效果如图 14-11 所示。

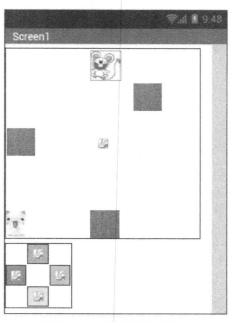

图 14-11　小猫捕鼠参考效果

2. 控制方向键让小猫移动与老鼠位置随机出现

完成了程序的布局，接下来，我们将完成控制方向键让小猫移动，并且碰到障碍物时停止；老鼠定时地随机出现，小猫碰到老鼠时代表抓到了老鼠，老鼠消失，游戏结束。

①点击布局界面右上角的"逻辑设计"按钮进入编辑区。

②首先我们定义一个速度的全局变量，用于定义速度大小；我们定义速度为5，表示每次移动小猫的距离为5个像素（将在后面用到），如图14-12所示。

初始化全局变量 速度 为 5

图 14-12　定义速度变量

③接下来，我们处理方向键被按时的事件。我们使用画布的按压和松开事件进行处理，如图 14-13 所示。当 up（上）方向键被触摸时，我们用按压事件进行处理，使用 设 cat. 方向为 方法来设置小猫移动方向， 设 cat. 速度为 方法来设置移动距离，距离都为我们前面设定好的速度变量（5 个像素），如图 14-14 所示。

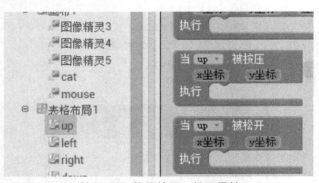

图 14-13　使用按下、松开属性

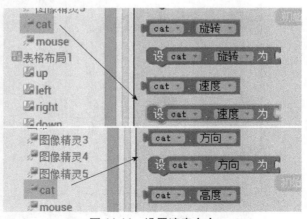

图 14-14　设置速度大小

设置小猫移动朝向的方向为 90 度，如图 14-15 所示。

图 14-15　设置小猫朝向

依次类推，向下、向左和向右方向分别为 270 度、180 度和 0 度（见图 14-16）；同理，当方向键未被触摸时，我们使用松开属性，设置速度为 0 即可，如图 14-17 所示。

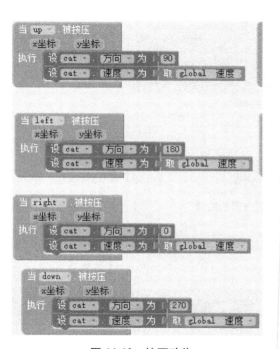

图 14-16　按下动作

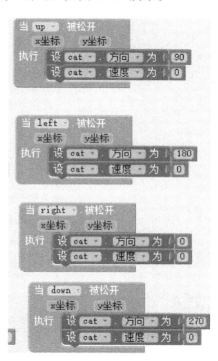

图 14-17　松开动作

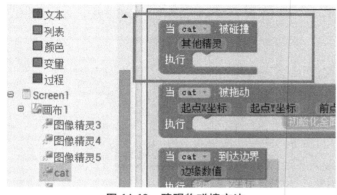

图 14-18　障碍物碰撞方法

④接下来，我们处理小猫与障碍物或老鼠接触时的事件，使用 当 cat. 被碰撞 方法，如图 14-18 所示。

处理猫接触障碍物与老鼠时的动作，我们使用它的变量 other 和条件判断语句来确认接触物，如图 14-19 所示。

使用障碍物或老鼠的属性，例

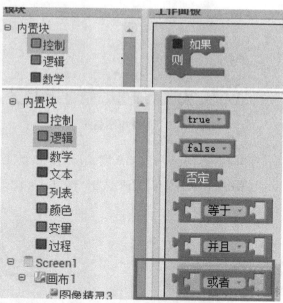

图 14-19　条件判断方法

如图像精灵 3 来对比，如图 14-20 所示。

图 14-20　碍物或老鼠的组件

结果如图 14-21 所示，我们使用 设 cat. 速度为 方法将速度降为 0，让小猫停止移动。

图 14-21　设置小猫停止

同理，当小猫接触 mouse（老鼠）时，使用 设 mouse. 显示状态为 方法，如图 14-22 所示，并将老鼠显示属性值设置为 false，即隐藏老鼠，如图 14-23 所示。

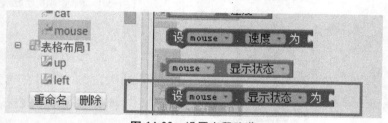

图 14-22　设置老鼠隐藏

同时，使用 设 cat. 速度为 方法设置猫的速度为零让其停止移动如图 14-24 所示，使老鼠不可见如图 14-25 所示。

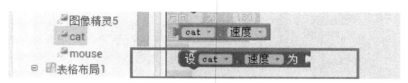

图 14-24　设置小猫速度

图 14-25　老鼠消失动作

⑤最后，我们使用定时器如图 14-26 所示。

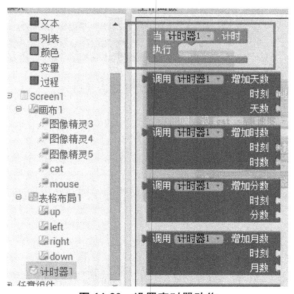

图 14-26　设置定时器动作

让老鼠随机移动，我们需先判断老鼠是否消失隐藏了；如果是，则不再移动，如图 14-27 所示。

老鼠移动时，我们使用 调用 mouse. 移动到指定位置 方法来设置老鼠移动的坐标，如图 14-28 所示。

图 14-27　判断老鼠是否隐藏

图 14-28　设置老鼠移动位置

使用随机数设置其 x 坐标和 y 坐标，如图 14-29 所示。

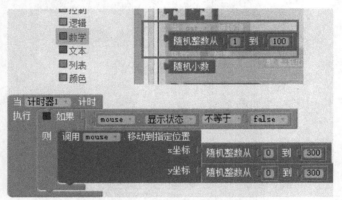

图 14-29　设置老鼠定时移动

本应用完整程序图如图 14-30 所示。

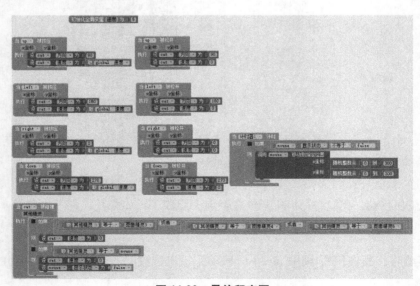

图 14-30　最终程序图

任务小结

　　本任务中我们学习了使用画布制作虚拟方向键，利用图形小精灵组件实现了按键操纵小猫捕鼠的游戏。

自我实践

　　读者可以根据自己的兴趣在此应用的基础上进行功能增强，例如：

● 使障碍物每隔一段时间自动变换位置；

● 每次小猫接触老鼠后加一分，达到一定分数时结束游戏。

快乐拼图

因为古老的咒语降临，美丽的图画被四分五裂了。集勇敢和智慧于一身的你需要来拯救它们，找到这些散落的碎片，将它们重新拼回完整的图画。拼图游戏是广受欢迎的一种智力游戏，它变化多端，难度不一，让人百玩不厌。个性化的拼图，拼接的不仅仅是一张图片，而是一个故事。

九宫格拼图虽然看起来简单，但常常因为大意而导致就剩一格图拼不回去。本任务中我们将一起通过画布空间，制作九宫格拼图游戏。

🎯 学习目标

● 掌握画布的用法。画布作为图像精灵的移动区域，可以完成图像精灵组件在该区域进行移动、拖拉等触发事件的处理。

● 掌握对图像的点击和拖动的触发事件处理。当拖动图像精灵时，会和其他的球形精灵或者图像精灵组件进行互动；同时会获得 X 坐标和 Y 坐标的值来判断是否应该移动，执行判断功能，计算模块与其他模块的距离，根据需要改变移动方向。

● 自定义过程的使用。本任务自定义了 2 个计算位置的过程方法，分别命名为 yb 和 xb，功能是计算空白区域的坐标值。

👥 任务描述

使用多个图像精灵作为拼图的模块，比如将图像精灵移动到指定的位置，它会得到图像精灵所在的 X 轴、Y 轴、Z 轴的值。通过图片的长度、宽度和其他图片的长度、宽度及坐标值，与屏幕整体的长度和宽度来计算模块是否可以移动到下一个区域。测试方法为：拼图模块的位置只能移动到相邻空白区域，如果移动时覆盖到其他区域，则不允许其移动过去。

"快乐拼图"的实际运行效果如图 15-1 所示。

(a) 原图　　　　　　　　　(b) 分割图

图 15-1　拼图游戏示例图

"快乐拼图"的界面设计如图 15-2 所示，程序的逻辑图如图 15-3 所示。

拼图游戏		
拼图模块 1	拼图模块 4	空白区域
拼图模块 2	拼图模块 5	拼图模块 7
拼图模块 3	拼图模块 6	拼图模块 8

空白区域
空白区域给其他的动画控件留的移动位置

拼图模块
图像精灵存放图片资源

图 15-2　快乐拼图的设计图

"快乐拼图"的实现原理如下：

首先，实现移动图片必须要触发拖动方法，可以给图像精灵增加一个拖动触发方法，但是这么多图片又要如何去判断谁在移动，如何避免图片不会移动到重复的图片上，或者本来应该移动的却移动不了呢？

我们自定义了 2 个方法 xb、yb，分别计算图片的 X 轴、Y 轴坐标位置。假设在 150 像素×150 像素（可调整）范围的画布矩形区域中，每个拼图模块的大小为 50 像素×50 像素。通过图像精灵触发事件所获取当前被点击拼图的 X 坐标、Y 坐标值来计算和其他图片的距离，如果满足一定的距离（如相邻的空白区域等于 50 像素×50 像素），即与空白块有一条边直接相邻则判定可以移动，否则该图块不能移动到空白处。

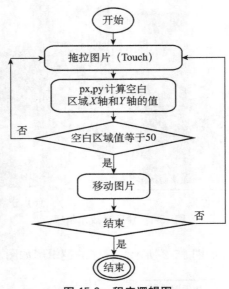

图 15-3　程序逻辑图

开发前准备工作

　　九宫格拼图应用通常需要将一张图片均分为 9 块，取其中 8 张图片，余下一个空白区域作为移动的空间，图片资源可以自定义。我们选用喜洋洋的图片为例，如图 15-4 所示。

图 15-4　拼图图片资源

　　在"快乐拼图"中，我们将会用到 Screen 组件，创建的第二个屏幕用来显示我们的拼图效果。Screen 组件不会显示在编辑区中，需要在组件设计页面中点击"增加屏幕"按钮来新增 Screen 组件，如图 15-5 所示。但在早期的 App Inventor 版本中，每个程序只能有一个 Screen 组件。

图 15-5　增加新的布局屏幕

"快乐拼图"使用到的布局组件如表 15-1 所示。

表 15-1　布局组件清单

组件类型	继承父类	组件名字	用途
图像精灵	用户界面	图像精灵 1～8	作为拼图的模块
按钮	用户界面	Reset	重置全部图片
画布	用户界面	画布 1	图像精灵的承载

 任务操作

1. 布局界面设计

快乐拼图的九宫格布局设计可参考图 15-6、图 15-7 所示。

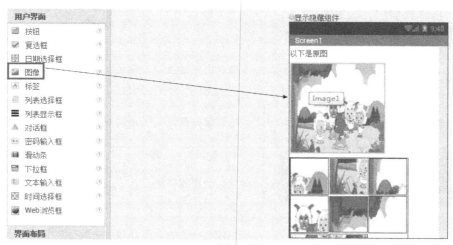

图 15-6　拼图的布局一

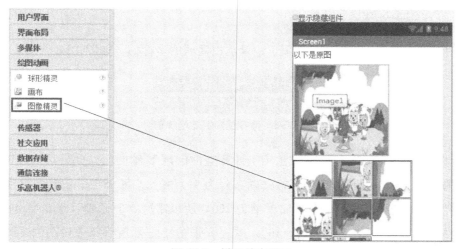

图 15-7　拼图的布局二

拼图应用组件清单如表 15-2 所示。

表 15-2　组件清单

Block 类型	区域	用途
定义过程 py 执行语句　定义过程 px 执行语句	内置块→过程	自定义的过程方法，处理事件发生时应处理的行为。名称为 py 的用于计算空白区域的 Y 坐标值。名字为 px 的用于计算空白区域的 X 坐标值
初始化全局变量 xb 为 123	内置块→过程	定义一个 xb 的变量，为空白可移动区域的 X 坐标值
定义过程 py 执行语句 设 global yb 为 450 − 图像精灵1 Y坐标	内置块→过程	这个过程是计算空白区域的 Y 坐标值的方法，用画布高度减去所有图片的 Y 轴坐标得到剩下的值
当 ImageSprite1 被触碰 x坐标 y坐标 执行	Screen1→图像	图像触碰时所触发的方法，x 坐标和 y 坐标是用户触碰屏幕时所得到的坐标值
调用 px 调用 py	内置块→过程	调用 px 和 py 定义的方法
如果 则	内置块→控制	逻辑判断（真或假）
调用 ImageSprite1 移动到指定位置 x坐标 y坐标	Screen1→图像精灵	移动到指定的"x 坐标"和"y 坐标"位置
=	内置块→数学	比较 2 个数值是否相等

2. 计算空白区域值

首先自定义 xb 与 yb 两个变量用于记录空白区域的坐标值，如图 15-8 所示。

初始化全局变量 xb 为 123
初始化全局变量 yb 为 123

图 15-8　储存空白区域坐标值

通过自定义过程生成一个 yb 方法用于计算空白区域 Y 轴的值，此方法可以改变全局变量 yb 的值，无须返回值。因为九宫格画布分为 9 个格子，每个格子长度和宽度各为 50像素，相当于有 3 个 Y 轴，每个 Y 轴的值为 150，所以用这 3 个 Y 轴（将 3 个坐标轴展开为一个坐标轴）高度的值（150×3＝450）减去 8 张图片的 Y 值（每个拼图的 Y 坐标值为其距离画布上边缘的值），所得值就是空白区域的 Y 坐标，代码如图 15-9 所示。

图 15-9　计算 Y 轴的值

计算出空白区域的 Y 坐标后，使其在 3 个 Y 坐标轴上的值，对应三个可能的区域。因此还需要再计算空白区域的 X 坐标，以确定空白区域的位置。自定义过程函数生成 xb 方法，计算原理同 yb 方法。代码如图 15-10 所示。

图 15-10　计算 X 轴的值

计算拼图图片间距可以使用距离的计算公式：

$$|P_1P_2| = \sqrt{(x_2-x_1)^2+(y_2-y_1)^2}$$

相应的距离计算方法由自定义的过程"juli"完成。注意传入的参数 x1 与 y1 是单击准备拖动的拼图坐标值，如图 15-11 所示。

图 15-11　计算图片间的距离

3. 拖动图片功能

用户移动图片时，会自动计算该图片与空白区域的距离 X 和 Y 的值是否都等于 50（图片相邻，如大于 50 则不相邻，不能移动），移动的坐标就是变量 xb 和 yb 所保存的值。相应其他的拼图移动模块（图像精灵 2～图像精灵 8）均具有相同的功能，代码如图 15-12 所示。

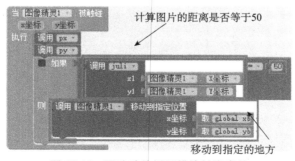

计算图片的距离是否等于50

移动到指定的地方

图 15-12　要移动的拼图模块触发事件

任务小结

在九宫格拼图任务中，我们掌握了图像精灵组件的拖动触发事件，通过计算每张图片的相对位置值来判断相邻图片的移动，特别是学习了自定义过程方法，熟悉了画布中坐标与位置的关系。

 自我实践

读者可以根据自己的兴趣在此应用的基础上进行功能增强，例如：

● 如何通过一个按钮来一键重置已经乱了的拼图，并把它复原成初始化的样子？

● 增加一个提醒用户如何去拼图的提示功能。

● 增加计步功能，记录移动拼图的次数。

打地鼠游戏

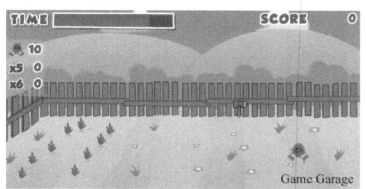

打地鼠游戏是一款经典的街机游戏，也是众多游戏中最容易上手的游戏之一。打地鼠游戏不仅有趣搞笑，同时它还是一款益智类游戏，玩家需要通过敏捷的反应才能拿到分数。本任务将带领读者一起开发一款简易的打地鼠游戏，使读者不仅能体验到游戏的乐趣，同时还可以体验到制作一个游戏的乐趣。实际上我们学习 App Inventor 不仅要掌握如何使用它，更重要的是用它创造自己的应用，即从 user（用户）变成 maker（创客）。

学习目标

- 熟悉并掌握画布组件；
- 掌握使用组件设计构建一个用户界面；
- 学会使用逻辑设计中模块面板的功能来获取和设置任意组件的属性；
- 复习列表选择框的使用；
- 复习时钟组件的使用方法；
- 掌握变量的声明和方法的定义；
- 掌握循环的使用。

任务描述

- 地鼠出现功能：地鼠在规定的时间内随机地出现在不同的洞口。
- 自动计分功能：当用户每次击中地鼠分数加 1。
- 震动功能：当用户每次击中地鼠后，手机震动一下。

打地鼠游戏的界面设计可参考图 16-1 所示。打地鼠游戏的实际运行效果如图 16-2 所示，逻辑图如图 16-3 所示。

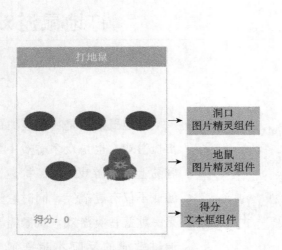

图 16-1　打地鼠游戏界面设计

图 16-2　打地鼠游戏截图

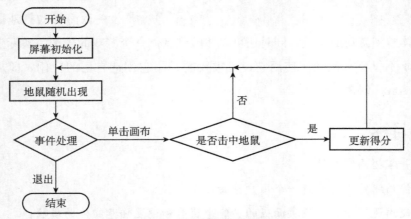

图 16-3　打地鼠游戏逻辑图

本任务实现流程如下：

①布局组件设计。

②通过组件设计设置 5 个洞口的图片。

③地鼠随机在 5 个洞口上出现。

④地鼠每隔 1500 毫秒跳到其他洞口。

⑤打中地鼠后得分自动累加，每次加 1。

⑥每次打中地鼠后，手机震动一下。

开发前的准备工作

从上面的简单介绍中我们可以发现，打地鼠游戏使用了两张图片，分别表示洞口和地鼠，如图 16-4（a）所示。进入 App Inventor 的界面设计页面，通过点击左下方的"上传文件"按钮上传图片资源到项目中，如图 16-4（b）所示。

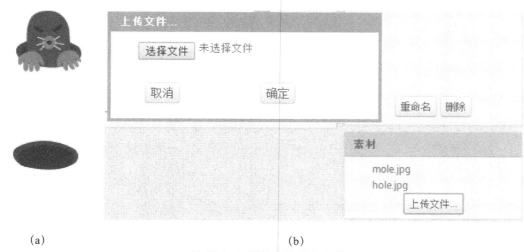

（a）　　　　　　　　　　　　　　　　　　　　（b）

图 16-4　图片资源和导入资源

任务操作

准备了要用到的资源，接下来介绍界面布局的具体实现步骤。

1. 布局界面设计

本程序的用户界面一共包含 6 个图片精灵组件，其中，5 个是地鼠可能的洞口，1 个是将在洞口出现的地鼠。使用界面设计创建用户界面。本程序的组件清单见表 16-1。

表 16-1　组件清单及其作用

组件类型	组件面板	命名	作用
画布	绘图动画	游戏画布	设定游戏范围
图片精灵（5）	绘图动画	洞1、…、洞5	用于标识显示地鼠出现的洞口
图片精灵	绘图动画	地鼠	用于显示地鼠图片
水平布局	界面布局	水平布局1	用于横向存放 Label 标签
标签	用户界面	标签	用于显示文本"得分:"
标签	用户界面	得分标签	用于显示打中地鼠后累加得分数值
计时器	传感器	地鼠计时	用于控制地鼠出现的频率
音效	多媒体	震动	完成当地鼠被击中时的发声、震动

根据上面的组件清单，从组件面板中将其拖曳到工作面板中创建组件。当你完成这些工作后，其界面如图 16-5 所示。

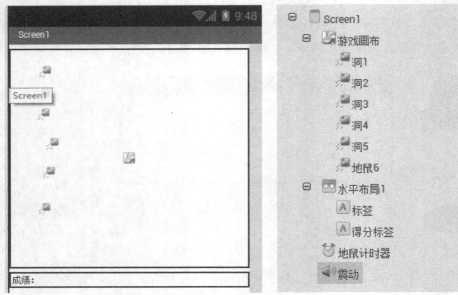

图 16-5　创建界面

2. 组件属性的设置

由于游戏界面组件较多，排列较复杂，我们根据表 16-2 所示的值设置相关组件的属性。

表 16-2　组件的属性设置

组件名	属性设置
游戏画布	设置背景颜色为绿色，宽度为 320 像素，高度为 320 像素
洞 1	设置 X 坐标为 20，Y 坐标为 60
洞 2	设置 X 坐标为 130，Y 坐标为 60
洞 3	设置 X 坐标为 240，Y 坐标为 60
洞 4	设置 X 坐标为 75，Y 坐标为 140
洞 5	设置 X 坐标为 185，Y 坐标为 140
Hole	设置图片为所上传资源 Hole.jpg，特别要注意将 Z 坐标设置为 2，这样能够让地鼠图片出现在洞口图片的上面（Z 的默认值是 1）
标签	设置文本显示为"得分:"
得分标签	设置文本显示为数字 0
地鼠计时器	设置时间间隔计时器间隔为数值 2000，目的是让地鼠每隔 2 秒自动跳到另一个洞口

当完成组件属性的设置后，布局界面如图 16-6 所示。

到这里，大家可能会问，怎么没有给每个洞口上传设置图片呢？别担心！接下来我们将在逻辑设计中完成设置洞口的图片属性。

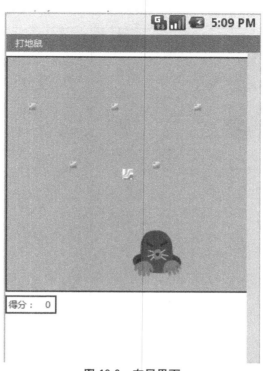

图 16-6　布局界面

3. 组件的行为添加

让地鼠能够随机地出现在洞口，打到地鼠后自动加分。点击右上方的"逻辑设计"按钮进入块编辑器，对相关组件进行对应行为动作的添加设置。

（1）批量设置 5 个洞口的图片

在布局组件设计时，之所以没有分别给 5 个洞口设置图片源，是为了避免重复地手动给 5 个图片精灵组件设置同一张洞口图片。假如有 100 个图片精灵组件需要设置同一张图片，一个个去设置不仅烦琐而且很容易出错。App Inventor 在控制中给我们提供了循环块，把重复要做的事情交给它来处理就好了，程序员总能找到更"懒"（简单）的方式去解决一个问题。所要用到的组件如表 16-3 所示。

表 16-3　组件清单

Block 类型	抽屉	作用
当 Screen1 .初始化 执行	Screen1	程序的初始化
初始化全局变量 地洞 为	变量	声明一个列表清单

续表

Block 类型	抽屉	作用
创建列表	列表	创建一个空的列表，当程序运行时往里填充图片精灵洞口组件
添加列表项 列表 item	列表	用于将所有的地洞图片精灵组件放在上面声明的列表清单的洞 1～洞 5 中
洞1 洞2 洞3 洞4 洞5	洞 1～洞 5	左上、左下、中间、右上、右下位置的图片精灵地洞组件
取 global 地洞	变量	洞清单返回的值
循环取 数字 范围从 到 间隔为 执行	控制	用于循环设置图片精灵的图片属性（hole.jpg 图片）
设图像精灵. 图片 组件 为	任意组件	设置图片组件的属性
" hole.jpg "	文本	所要设置的洞口图片名

①首先，我们声明一个列表清单地洞，把每个洞口按顺序一个个地组装起来，然后通过 当 Screen1. 初始化 事件进行处理，在执行的缺口中，添加列表项目的工作将屏幕初始化的时候自动执行，如图 16-7 所示。如果有 Java 编程基础的读者，可以把它理解成列表的集合。

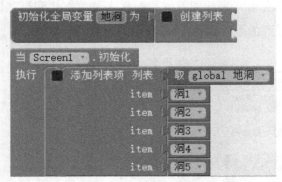

图 16-7　屏幕初始化

②接下来，将■控制抽屉中的循环块拖到右边的空白编辑区，然后将 global（地洞）拼接到循环块的列表缺口（见图 16-8），这样就实现了循环遍历地洞清单中的每一个图片精灵洞口组件。

图 16-8 循环

③将 ⊟ 任意组件 抽屉中的 设图像精灵．图片 块拖到右边的空白编辑区，然后将 global 地洞块和 hole.jpg 块分别拼接到 设图像精灵．图片 块的"组件"缺口和"为"缺口，如图 16-9 所示，这样做的目的是设置地洞组件的图片属性值为 hole.jpg。

图 16-9 组件的扩展

④最后，把 设图像精灵．图片 块拼接到循环块的执行缺口，然后将整个循环块拼接到 当 Screen1．初始化 块，这样，我们就完成了当程序运行初始化的时候，循环设置洞 1～洞 5 的图片属性的功能，如图 16-10 所示。如果我们添加更多的洞的图片，只要改变循环条件就可以完成了。

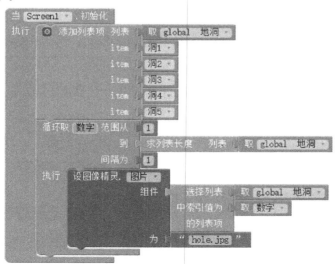

图 16-10 屏幕初始化设置游戏界面代码

（2）地鼠随机出现功能

完成了循环设置 5 个洞口的图片属性，接下来要完成地鼠随机出现在这 5 个洞口之一的功能。我们先来查看所要用到的组件，如表 16-4 所示。

表 16-4 组件清单

Block 类型	模块	作用
初始化全局变量 当前地洞 为	变量	用于保存地鼠当前出现的地洞位置
0	数学	为当前地洞变量设置初始值 0
定义过程 移动地鼠 执行语句	过程	定义一个地鼠移动的过程方法
设 global 当前地洞 为	变量	设置当前地洞变量的值
随机选取列表项 列表	列表	随机选择地洞清单中的元素
取 global 地洞	变量	地洞清单
调用 地鼠 .移动到指定位置 x坐标 y坐标	地鼠	地鼠要移动到的位置
取 global 当前地洞	变量	currentHole 获得当前地洞的变量值
调用 移动地鼠	变量	执行地鼠移动的方法块
图像精灵. X坐标 组件	任意组件—任意图像精灵	地鼠要移动到的 X 坐标位置
图像精灵. Y坐标 组件	任意组件—任意图像精灵	地鼠要移动到的 Y 坐标位置

接下来我们将上面的组件拼接起来，将模块抽屉中的 调用地鼠．移动到指定位置 块拼接到 当 Screen1．初始化 块的执行缺口中，如图 16-11、图 16-12 所示。

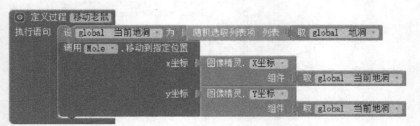

图 16-11 地鼠随机移动的方法块

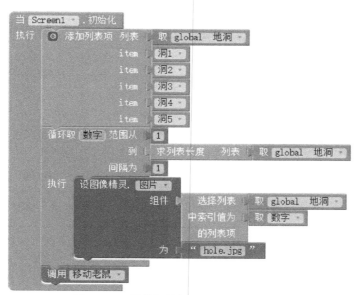

图 16-12　屏幕初始化时地鼠即开始跳动

（3）地鼠周期跳到其他洞口的功能

实现了当程序初始化时地鼠随机地出现在 5 个洞口之一的功能，但是并没有实现让地鼠每隔 2 秒（可自定义时间间隔）自动地跳到其他的洞口，现在要用到之前创建的计时器组件——地鼠计时器，如图 16-13 所示，通过它来控制地鼠自动跳到其他洞口的时间间隔。实现该功能需要用到两个组件，如表 16-5 所示。

图 16-13　计时组件

表 16-5　组件清单

Block 类型	抽屉	作用
当 地鼠计时器 . 计时　执行	地鼠计时器	定时执行地鼠移动的方法
调用 移动地鼠	过程	执行地鼠移动的方法

（4）打中地鼠后手机震动功能

现在基本完成了打地鼠的功能，但是有没有打中，我们并不清楚，所以还应添加一个每次打中地鼠后手机震动一下的功能，来告诉用户是否击中地鼠。所要用到的组件如表 16-6 所示。

表 16-6   组件清单

Block 类型	抽屉	作用
当 地鼠.被触碰 x坐标 y坐标 执行	地鼠	判断地鼠是否被打中
调用 震动.震动 毫秒数	震动	设置手机震动的方法
100	数学	震动时长 100 毫秒
调用 移动地鼠	过程	执行地鼠移动的方法

根据上面的组件清单，打中地鼠后震动的程序块如图 16-14 所示。

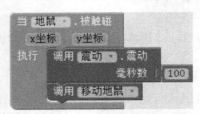

图 16-14   打中地鼠后的处理方法

（5）自动计分的功能

虽然实现了击中地鼠后手机震动的功能，我们还不知道一共击中了多少次。为了增加游戏的乐趣，提升玩家击中地鼠后的成就感，可对游戏添加自动计分的功能，所要用到的组件如表 16-7 所示。

表 16-7   组件清单

Block 类型	抽屉	作用
设 得分标签.文本 为	得分标签	定时执行地鼠移动的方法
1	数学	指定一个数字常数为 1
+	数学	加法运算，用于将常数 1 跟得分标签的值相加
得分标签.文本	得分标签	得分标签所返回的值

根据上面组件清单，我们将它们按一定的顺序进行拼接，这样就实现了设置分数的功能，如图 16-15 所示。

图 16-15   设置得分

接下来，我们再把拼接好的 设得分标签.文本 块拼接到 当地鼠.被触碰 块执行缺口的震动块和移动地鼠块之后，当玩家每次击中地鼠后就执行设置分数的功能，如图 16-16 所示。

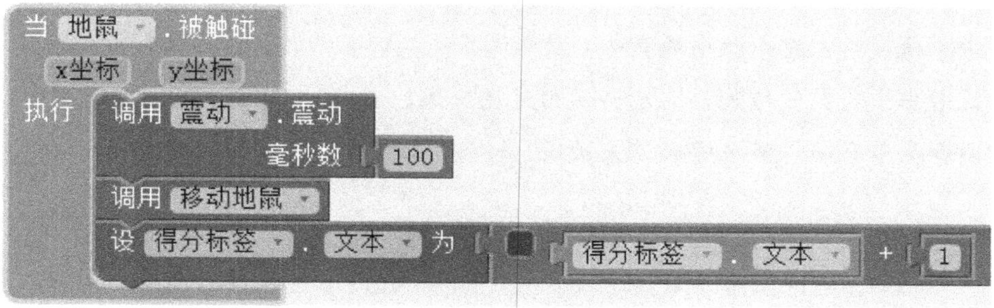

图 16-16　打中后自动计分

最后，我们再来看一下打中地鼠的完整代码块，如图 16-17 所示。

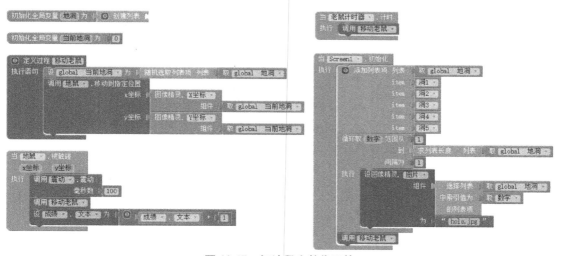

图 16-17　打地鼠完整代码块

任务小结

本任务完成了一个常见的打地鼠游戏应用的开发，知识清单如下：

- 列表清单的使用。
- 使用计时器设置定时事件。
- 画布、精灵与随机数的使用。
- 循环的使用。

自我实践

读者可以根据自己的兴趣在此应用的基础上进行功能增强，例如：

- 添加失分的功能，当玩家没打中地鼠，则得分自动减1。
- 击中地鼠后，发出打中的声音。
- 随着击中次数的增加，地鼠移动的速度变快。
- 添加屏幕跳转，实现游戏过关功能。

打兔子游戏

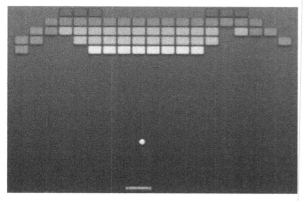

打砖头游戏，玩家要控制屏幕下方的板子，让"球"通过撞击消去所有的"砖块"，球碰到屏幕底边就会消失，所有的球消失，则游戏失败；把砖块全部消去，就可以破关。打砖块游戏的始祖是美国雅达利公司，由该公司在 1972 年发行的"乓"（PONG，世界上第一款电子游戏，类似台球）改良而来。本任务是将砖头变为兔子，一起来实现使用小球（球形精灵）和图形小精灵组件在画布上完成一个好玩的游戏。当小球碰到小兔，小兔发出声音并改变位置，小球跌落时会加速，以及小球碰到小精灵怪物能够加速时，程序就成功完成了。

🎯 学习目标

● 学会使用图形小精灵和小球的应用。掌握图形小精灵的碰撞方法，处理碰撞后的事件，判断并处理小球的反弹。

● 领悟小球在碰撞过程中，对于方向的判断。理解碰撞前后小球坐标的改变对于方向判断的意义。

● 学会使用基本的边缘属性值，对小球进行判断。理解 App Inventor 对边缘的定义。

👤 任务描述

在打兔子程序中有如下功能。

● 接住小球：在打兔子的小游戏中，我们可以拖动木板接住小球，使小球反弹。

● 击中小兔：当击中画布上的小兔时，小兔变换表情并发出嗷嗷叫的声音，同时随机改变位置。

● 加速：小球落地时速度加快，速度大于一定时结束游戏。

● 击中小精灵怪物：击中小精灵怪物一次加速一次，速度大于一定时结束游戏。

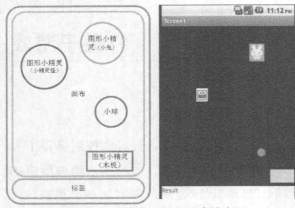

图 17-1　击中兔子，兔子表情变了

"打兔子"游戏程序预览如图 17-1 所示。

"打兔子"游戏实现原理如下：

● 在"打兔子"游戏程序中，我们主要使用图形小精灵进行制作。

● 对小球移动的判断，主要为小球撞击屏幕边缘时，利用产生的各值进行判断小球来的方向，根据小球前一次撞击边缘时的坐标，在屏幕上或下撞击时，判断小球前一次撞击时的 X 坐标是否小于此次撞击时的 X 坐标，是，则小球从左侧反弹而来。同样，判断小球撞击左或右侧时来的方向，用前一次撞击时的 Y 坐标与此次撞击的 Y 坐标判断，如果前者小于后者，则小球从下方反弹而来。

"打兔子"游戏的实现逻辑如图 17-2 所示。

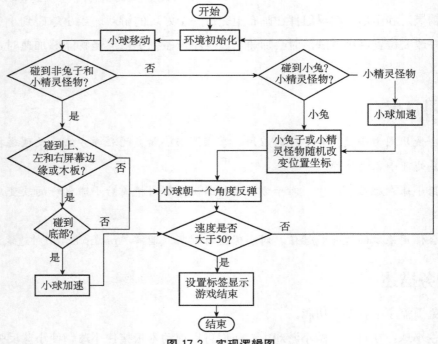

图 17-2　实现逻辑图

开发前的准备工作

本游戏需要用到的组件如表 17-1 所示。使用到的图片和声音资源如图 17-3 所示。

表 17-1　组件清单

名称	图示	用途
球形精灵组件	 **绘图动画** 🔍 球形精灵	用于画布上显示小球并可以根据事件而改变位置
画布组件	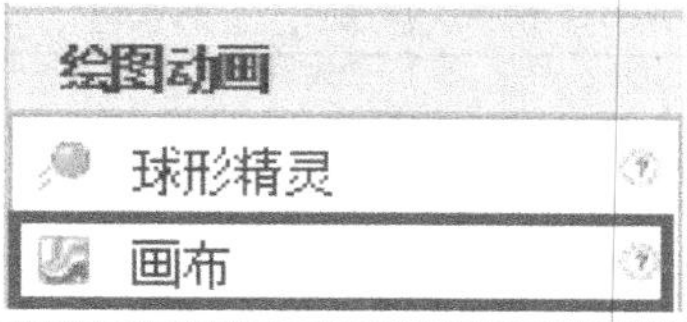 **绘图动画** 🔍 球形精灵 🖼 画布	用于显示小球的运动轨迹
图像精灵组件	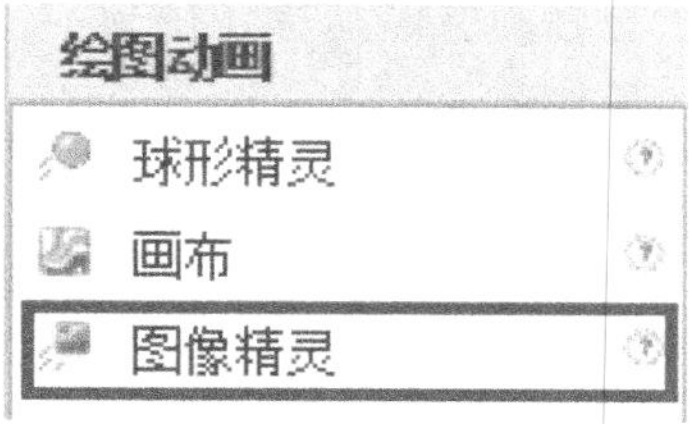 **绘图动画** 🔍 球形精灵 🖼 画布 🖼 图像精灵	用于在画布上显示小球击打的兔子和小精灵怪物
标签组件	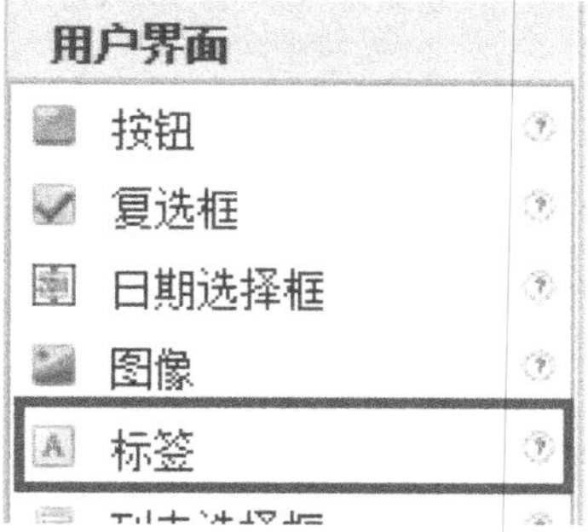 **用户界面** 🔲 按钮 ☑ 复选框 🗓 日期选择框 🖼 图像 Ⓐ 标签	用于显示游戏结束信息
计时器组件	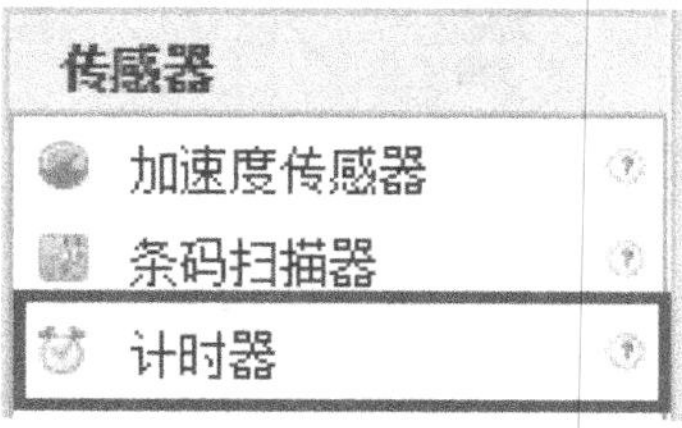 **传感器** ⚫ 加速度传感器 📱 条码扫描器 ⏱ 计时器	用于定时将小兔子表情恢复原样
音效组件	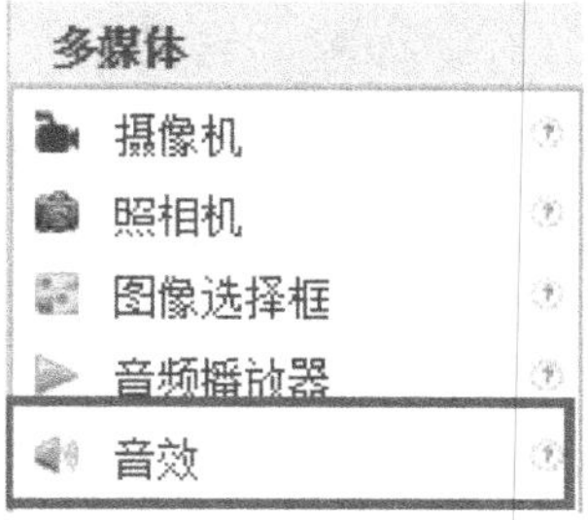 **多媒体** 📹 摄像机 📷 照相机 🖼 图像选择框 ▶ 音频播放器 🔊 音效	用于控制小兔子被击中后发出的声音

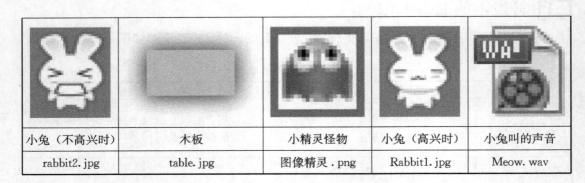

小兔（不高兴时）	木板	小精灵怪物	小兔（高兴时）	小兔叫的声音
rabbit2.jpg	table.jpg	图像精灵.png	Rabbit1.jpg	Meow.wav

图 17-3　资源清单

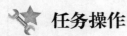

任务操作

1. 布局界面设计

在打兔子游戏中，我们将用到画布、球形精灵、图像精灵和计时器，布局界面设计流程如下：

①拖动画布到工作面板屏幕上。设置画布高度为 380 像素大小，宽度为充满，背景颜色为黑色，如图 17-4 所示。

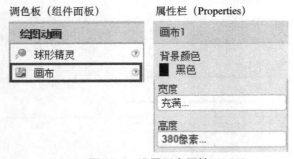

图 17-4　设置画布属性

②将小球组件拖入画布中，放置在坐标（200，240）位置；画笔颜色用于设置小球颜色，这里设置为红色，小球的半径设置为 10，小球移动方向以角度为单位，设置为－45，表示往右下角，速度设置为移动 10 个像素单位，如图 17-5 所示。

③再拖动 4 个图像精灵于画布中，如图 17-6 所示，其中一个命名为 table，在图片属性中点击"上传文件"按钮再选择上传木板图片，将上传的图片放于坐标为（210，339）的位置，其他两个分别选择上传小兔子图片和小精灵怪物图片，如图 17-7 所示。

球形精灵1

启用
☑

方向
-45

间隔
100

画笔颜色
■ 红色

半径
10

速度
10

显示状态
☑

X坐标
200

Y坐标
240

图 17-5　设置小球属性

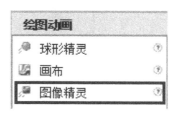

绘图动画

🔍 球形精灵　　　⑦
🖼 画布　　　　　⑦
🖼 图像精灵　　　⑦

图 17-6　设置图像精灵属性

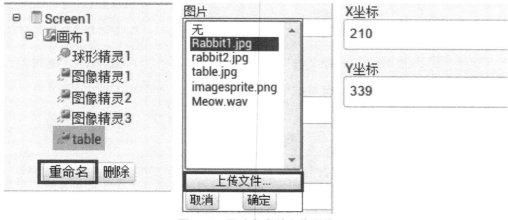

图 17-7　更改名字并上传图片

④使用图像精灵 3 来保存小兔子被击中后变换的表情，注意将"显示状态"属性取消选中，让图片不在屏幕上显示，如图 17-8 所示。接着，我们拖入音效组件到工作面板屏幕中，上传嗷嗷叫的声音，如图 17-9 所示。

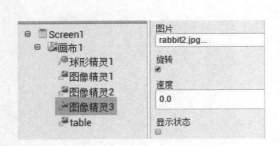

图 17-8　上传图片　　　　　　　　　　　图 17-9　上传声音

⑤接下来我们拖入计时器组件到工作面板屏幕中，设定属性"计时间隔"为 4000 毫秒即 4 秒，用于小兔子变回开心的表情（见图 17-10）。最后在画布下方插入标签组件，用于显示游戏结果，如图 17-11 所示。

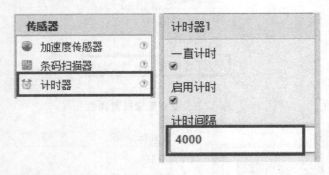

图 17-10　设置定时器　　　　　　　　　　图 17-11　标签组件

可参考的最终效果如图 17-12 所示。

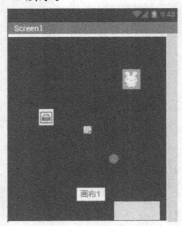

图 17-12　最终效果图

2. 木板、小球、小兔子、小精灵怪物间交互功能

介绍了程序的布局，接下来，我们介绍如何控制木板反弹小球，并让小球落地时加速的功能。

①点击布局界面右上角的"逻辑设计"按钮进入块编辑区。

②首先我们定义木板在底部移动，使用木板的被拖动事件进行处理，如图 17-13 所示。

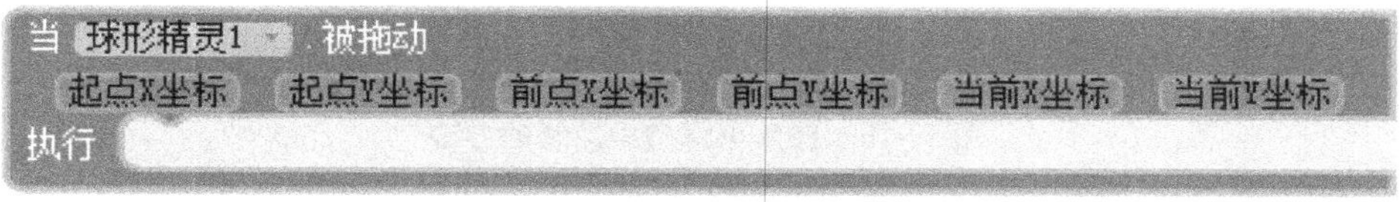

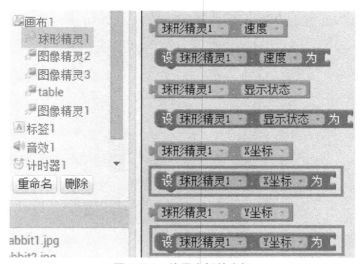

图 17-13　使用模板拖动方法

然后我们使用 设球形精灵 1.X 坐标为 和 设球形精灵 1.Y 坐标为 方法来设置木板的 X 和 Y 坐标，如图 17-14 所示。这里，我们把 Y 坐标锁死，让其只能在底部直线滑动，X 坐标则使用拖动方法来改变当前的 X 坐标，如图 17-15 所示。图中变量解释如表 17-2 所示。

图 17-14　使用木板的坐标

图 17-15　设置拖动木板时动作

表 17-2　变量解释

变量	属性	变量	属性	变量	属性
起点 X 坐标	起点 Y 坐标	前点 X 坐标	前点 Y 坐标	当前 X 坐标	当前 Y 坐标
拖动始坐标 X	拖动始坐标 Y	拖动前坐标 X	拖动前坐标 Y	拖动当前坐标 X	拖动当前坐标 Y

③接下来，我们处理小球碰撞各个边后反弹的动作，及碰到底边速度加快的事件。我们使用 当球形精灵 1. 到达边界 事件进行处理，如图 17-16 所示。

图 17-16　使用小球碰撞边缘的方法

这时我们得到一个名为边缘数值的变量，可以通过判断边缘数值的值来决定小球朝哪个方向移动。但怎样能够判断小球到了边界呢？App Inventor 对手机的屏幕边界进行了定义，如图 17-17 和表 17-3 所示。

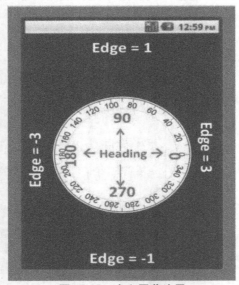

图 17-17　定义屏幕边界

表 17-3　边缘数值的数值说明

数值	位置	数值	位置	数值	位置	数值	位置
1	屏幕上方	3	屏幕右边缘	−1	屏幕下方	−3	屏幕左边缘
2	屏幕右上角	4	屏幕右下角	−2	屏幕左下角	−4	屏幕左上角

首先要判断小球是从哪个方向移动来的，我们设置两个全局变量 preX 和 preY 分别为 100 和 50（初始时假定），当小球碰到边缘后，我们即将碰撞点的坐标记录为 preX 和 preY，用于后面判断小球从什么方向开始反弹，如图 17-18 所示。

图 17-18　设置前一次碰撞时的坐标位置

接下来，我们使用控制中的 如果…则 逻辑方法来判断小球碰到的边，用 如果…则…否则 逻辑方法来判断小球是从什么方向来的，如图 17-19 所示。

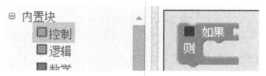

图 17-19　使用逻辑判断

使用 设球形精灵 1. 方向为 方法来使小球朝一个设定的方向反弹，如图 17-20 所示。

图 17-20　设置小球朝向

可以发现，当上一次小球碰到上下边缘时，只需判断当前 X 坐标与 preX 大小即可，碰到左右边缘时，只需判断当前 Y 坐标与 preY 大小即可。以上方为例，当前 X 坐标小于前一个，说明小球从右边来，即可设定小球往$-135°$方向反弹，否则为$-45°$方向，如图 17-21 所示。

以屏幕左方为例，当 Y 坐标小于前一个，说明小球从下面来，即可设定小球往 $45°$ 方向反弹，否则为$-45°$方向，如图 17-22 所示。同样，屏幕右方反弹如图 17-23 所示。

图 17-21　屏幕上方 A

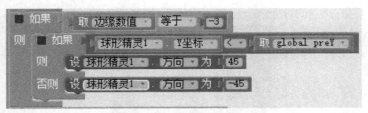

图 17-22　屏幕左方 B

图 17-23　屏幕右方 C

当小球接触屏幕下方时，需要改变小球速度，并判断速度是否达到一定的阈值，超过阈值则结束游戏，将小球速度减为 0。当边缘为底部时，使用 设球形精灵 1. 速度为 方法设定小球速度为小球原本速度再增加 5 个像素。

再判断小球速度是否大于 50。如果为真，则使用 设球形精灵 1. 速度为 方法设定小球速度为 0，并使用 设标签 1. 文本为 方法设定标签显示游戏结束。否则，判断小球 X 坐标与前一次的大小从 135°或 45°角反弹（见图 17-24）。

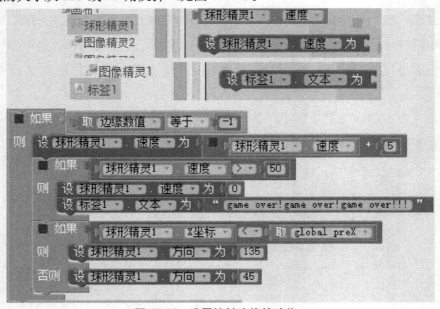

图 17-24　设置接触边缘的动作 D

与上述相同，当小球碰撞屏幕右上角时朝－135°反弹，左下角时朝 45°反弹，右下角朝 135°反弹，左上角朝－45°反弹，如图 17-25 所示。

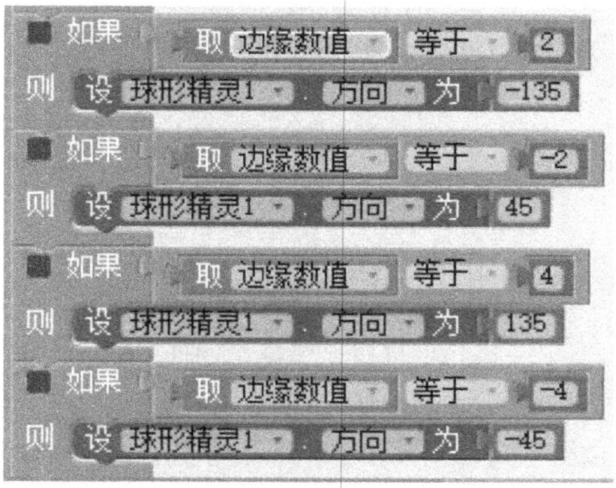

图 17-25 设置小球反弹方向 E

最后，我们把前一个坐标 preX 和 preY 的值修改为小球碰撞时的坐标，使用 取 global preX 和 取 global preY 方法把值传给 设球形精灵 1.X 坐标 和 设球形精灵 1.Y 坐标，如图 17-26 所示。

图 17-26 设置新碰撞点坐标为前一次坐标 F

弹球方向设定的程序图如图 17-27 所示。

图 17-27 弹球程序图

④接下来，我们定义木板碰撞小球后的动作，使用 当 table.被碰撞 方法。

当小球碰撞木板后，判断前一次小球的 X 坐标，并比较小球碰撞木板时的 X 坐标大小，最后设置碰撞木板后的坐标为小球前一次的坐标，如图 17-28 所示。

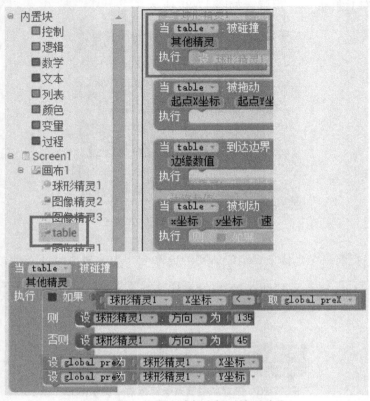

图 17-28　设置小球与木板碰撞后动作

　　⑤处理小兔子被小球击中后的动作，先对图像精灵 1 的被碰撞事件进行处理，当小兔子被碰时，设置小兔子的新坐标，使用 设图像精灵 1.X 坐标为 和 设图像精灵 1.Y 坐标为 方法处理要移动的值，如图 17-29 所示。

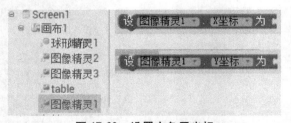

图 17-29　设置小兔子坐标

　　这里使用数学的随机数 随机整数从⋯到⋯ 方法，X 的数值范围 1～300，Y 的数值在 1～100，如图 17-30 所示。

　　接下来我们设置小兔子被击中后变换表情图片和发出声音的动作，我们使用小兔子的 设图像精灵 1.图片为 方法，如图 17-31 所示。

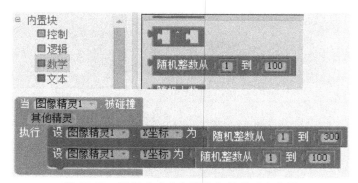

图 17-30　随机生成小兔子坐标并移动小兔子

图 17-31　设置小兔子表情

应用我们刚开始设定好隐藏的图像精灵 3 中的图片，将这张图片改变为小兔子现在的图片，如图 17-32 所示。

图 17-32　使用隐藏的图片

然后我们使用音效组件的 调用音效 1. 播放 方法来播放叫声，如图 17-33 所示。以此来设定小兔子被击中后更换表情并发出声音的动作，如图 17-34 所示。

调用 音效1 . 播放

图 17-33　播放声音

设 图像精灵1 图片 为 图像精灵3 图片
调用 音效1 . 播放

图 17-34　设置小兔子被击中后动作

最后，与步骤④相同，判断小球的前一次 X 坐标与碰撞时小球 X 坐标的大小，如果小球 X 坐标比前一次的小，且 Y 坐标比前一次的小，则往−135°角反弹，否则为 135°角；如果小球 X 坐标比前一次的大，且 Y 坐标比前一次的小，则往−45°角反弹，否则为 45°角。最后设置前一次的坐标为小球碰撞时的坐标，如图 17-35 所示。

⑥处理小精灵怪物被小球击中后的动作，与步骤⑤相同，我们让小球反弹，并让小精灵怪物随机改变位置；让小球增加速度，使用小球的 设球形精灵 1. 速度为 方法，如图 17-36 所示。

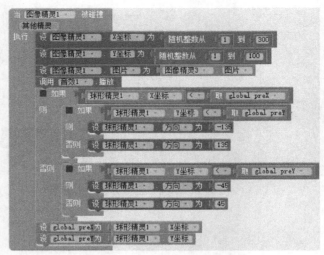

图 17-35　小兔子被碰撞后动作

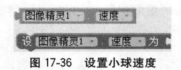

图 17-36　设置小球速度

同时将 球形精灵1. 速度 增加 1，如图 17-37 所示。

图 17-37　让小球加速

至此程序实现的功能如图 17-38 所示。

图 17-38　最终程序图

⑦最后我们让小兔子表情图片恢复，用定时器（计时器）事件进行处理，如图 17-39 所示。

图 17-39　设置定时器

设置小兔子图片，用 设图像精灵 1. 图片为 方法调用小兔子原来的图片 图像精灵 1. 图片 ，如图 17-40 所示。

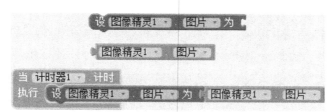

图 17-40　定时设置小兔子图片

任务小结

本任务中我们学习了使用画布、计时器、球形精灵和图像精灵制作打兔子的游戏，学习了如何判断小球来的方向并控制小球的反弹等方法。

自我实践

读者可以根据自己的兴趣在此应用的基础上进行功能增强，例如：

- 增加更多精灵，让小球撞击。
- 使小球每次撞击精灵，则速度增加，击中底部 3 次后即结束。
- 增加更多道具，实现多个角色间的互动。

进 阶 篇

任务 18

小球滚动

还记得小时候玩过的弹珠游戏吗？弹珠（或弹球、弹蛋儿、玻璃溜溜），玩具的一种，在一些北方地区称流流儿。古时，弹珠由玛瑙或石头所造，现代则用玻璃制成的小球作玩耍使用或欣赏，通常其半径为 1.5～5 毫米，最大的有 5 厘米，很好玩。

弹珠由来已久，这里我们将告诉您一种新的控制小球滚动的方法。想知道怎么晃动手机让小球跟着晃动方向动吗？想知道小小的传感器究竟能给我们带来什么好玩的体验吗？本任务将使用加速度传感器控制小球，让小球跟随着手机晃动起来。当小球随着手机晃动而滚动时，程序就完成了。

学习目标

● 学会使用加速度传感器：理解加速度在各个方向上的数值表示。

● 学会使用小球（球形精灵）组件：掌握小球组件的属性，让小球跟随晃动方向以一定的速度移动。

● 学会使用画布的属性：掌握让小球跟随画布上触摸时的坐标而移动的方法。

任务描述

在小球滚动程序中，其功能如下。

● 自动滚动：小球可以随手机晃动的方向移动；

● 触摸滚动：触摸屏幕可以让小球跟随滚动；

● 显示坐标：使用标签显示小球位置变化的坐标。

"小球滚动"程序预览如图 18-1 所示，其实现逻辑如图 18-2 所示。

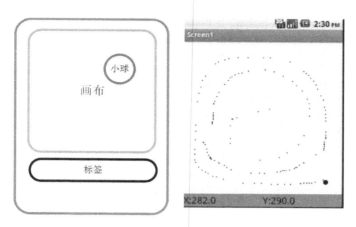

图 18-1 小球的运动轨迹设计图与应用截图

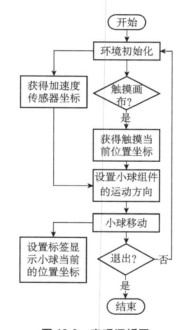

图 18-2 实现逻辑图

在小球滚动中，我们主要使用了加速度传感器原理、画布坐标原理和小球属性原理。

 ● 加速度传感器原理：当手机晃动时，加速度传感器就会返回三个方向的值变化。在 App Inventor 定义的坐标系统中，坐标原点位于屏幕的左下角，X 轴水平指向右侧，Y 轴垂直指向顶部，Z 轴指向屏幕前方。手机摆放不同位置时各个坐标的值见表 18-1。

表 18-1　手机摆放不同位置坐标的值

位置	X	Y	Z
朝上	0	9.81m/m^2	0
朝左	9.81m/m^2	0	0
朝下	0	-9.81m/m^2	0
朝右	-9.81m/m^2	0	0
正面朝上	0	0	9.81m/m^2
背面朝上	0	0	-9.81m/m^2

● 画布坐标原理：当画布被触摸时，就会产生一个坐标值，用来定位手指在画布中的位置。

● 小球属性原理：小球具有速度和方向的属性，我们可以设定速度（单位为像素），确定小球每次移动时所经过的像素距离；同时设定方向，让小球朝某一个坐标的方向移动。

开发前的准备工作

本任务需要用到的组件如表 18-2 所示。

表 18-2　组件介绍

名称	图示	用途
球形精灵组件	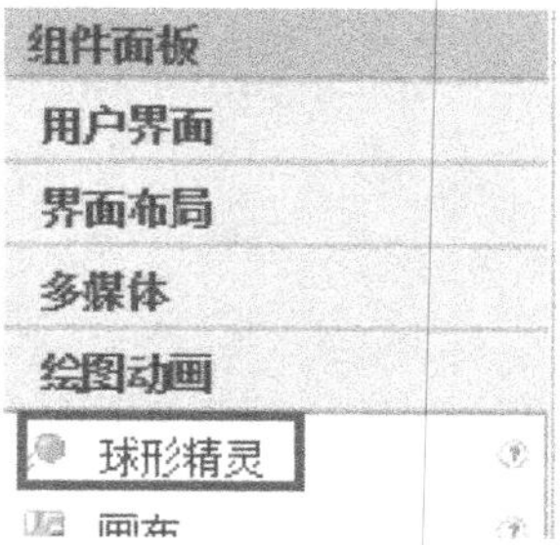 组件面板 用户界面 界面布局 多媒体 绘图动画 球形精灵 画布	在这里用于定义在画布上显示小球并可以根据事件而改变位置
画布组件	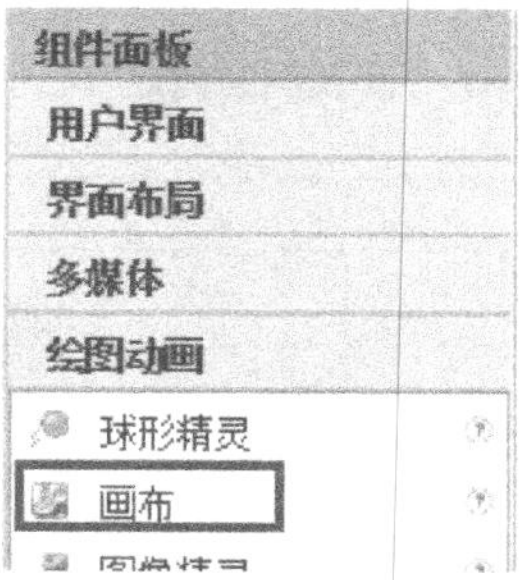 组件面板 用户界面 界面布局 多媒体 绘图动画 球形精灵 画布 图像精灵	在这里用于显示小球的运动轨迹
布局组件：水平布局	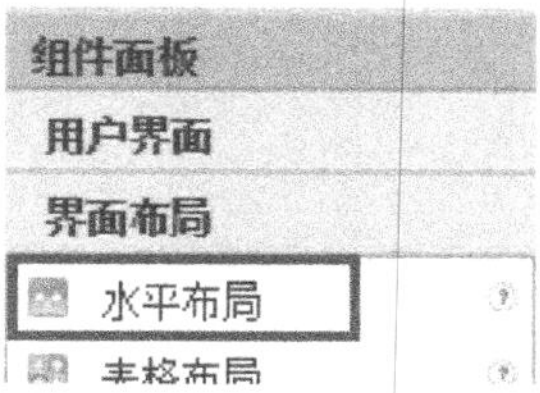 组件面板 用户界面 界面布局 水平布局 表格布局	在这里用于调整按钮画布等在屏幕上的排布，使其变得更好看
加速度传感器组件	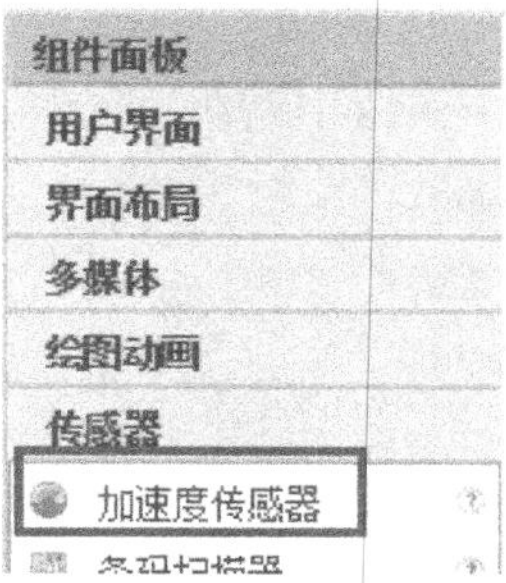 组件面板 用户界面 界面布局 多媒体 绘图动画 传感器 加速度传感器 条码扫描器	在这里通过不同方向的变动改变小球位置

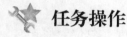

★ 任务操作

1. 布局界面设计

在小球滚动程序中，我们需要用到画布、球形精灵和标签，布局界面设计过程如下：

①拖动画布组件到工作面板屏幕上，设置画布高度为 320 像素大小，宽度为充满，如图 18-3 所示。将小球组件拖入到画布之中，设置其 X、Y 坐标为（160，160）居中，画笔颜色用于设置小球颜色，Radius 表示小球的半径，可自定义，如图 18-4 所示。

调色板（组件面板）	属性栏（Properties）
组件面板 用户界面 界面布局 多媒体 绘图动画 　球形精灵　　　　⑦ 　画布 　图像精灵	宽度 充满… 高度 320像素…

图 18-3　设置画布属性

调色板（组件面板）	属性栏
组件面板 用户界面 界面布局 多媒体 绘图动画 　球形精灵　　　　⑦ 　画布	画笔颜色 ■ 黑色 X坐标 160 Y坐标 160

图 18-4　设置小球属性

②插入水平布局，用于嵌入标签组件，如图 18-5 所示。

组件面板
用户界面
界面布局
　水平布局　　　　⑦
　表格布局

图 18-5　水平布局

③在一个水平布局中，插入两个标签，设置宽度为 160 像素，平分占用屏幕，可设置字号、字体和文本对齐方式，文本可随意设置，我们将在后面动态更改文字内容，如图 18-6 所示。

④最后，将加速度传感器拖入工作面板中就完成了，如图 18-7 所示。

图 18-6　设置标签属性

图 18-7　加速度传感器

最终效果如图 18-8 所示。

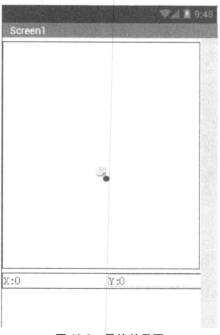

图 18-8　最终效果图

2. 小球根据晃动移动和拖动跟随的功能

介绍了程序的布局，接下来，我们将实现根据晃动和拖动让小球移动。

①点击布局界面右上角的"逻辑设计"按钮进入块编辑区。

②首先设置晃动功能，我们使用加速度传感器的 当加速度传感器1.加速被改变 方法处理功能，如图 18-9 所示。

图 18-9　加速度传感器事件

加速度传感器晃动时传感器参数变化如表 18-3 所示。

表 18-3　传感器参数

X 分量	当左边向上时为正值，否则为负值
Y 分量	底部向上时为正值，否则为负值
Z 分量	当屏幕朝上时为正值，否则为负值

③调用球形精灵移动，在球形精灵 1 中找到 调用球形精灵1.移动到指定位置 方法，将它拖到 当加速度传感器1.加速被改变 事件中，用球的坐标 X、Y 分别减去 X 分量和 Y 分量的值，即可算出球移动到该距离的位置，如图 18-10 所示。

图 18-10　设置移动小球

④实现在屏幕上拖动小球跟随的功能。我们使用 当画布1.被拖动 事件进行处理。同理，使用 调用球形精灵1.移动到指定位置 方法将小球移动到指定位置，如图 18-11 所示。

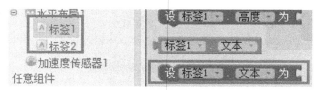

图 18-11　设置画布拖动时移动小球

画布拖动时有如表 18-4 所示的变量。

表 18-4　变量表

变量	属性	变量	属性	变量	属性
起点 X 坐标	拖动开始时的 X 坐标	前点 X 坐标	拖动前的 X 坐标	当前 X 坐标	拖动时当前 X 坐标
起点 Y 坐标	拖动开始时的 Y 坐标	前点 Y 坐标	拖动前的 Y 坐标	当前 Y 坐标	拖动时当前 Y 坐标

接下来，我们可以改变标签上的文字，使它显示小球坐标的变化，我们使用标签中的 设标签 1. 文本为 方法，如图 18-12 所示。

图 18-12　设置标签文字

在文本的工具中选择合并文本，用于输出两边的文字相连后的结果，如图 18-13 所示。

图 18-13　使用文本属性

输出 "X:" 和 "Y:"，在后面添加球的坐标为 球形精灵 1. X 坐标 和 球形精灵 1. Y 坐标，如图 18-14 所示。

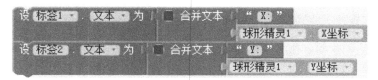

图 18-14　设置标签显示坐标

最后，我们把标签设置插入 当加速度传感器 1. 加速被改变 和 当画布 1. 被拖动 事件中，最终程序如图 18-15 所示。

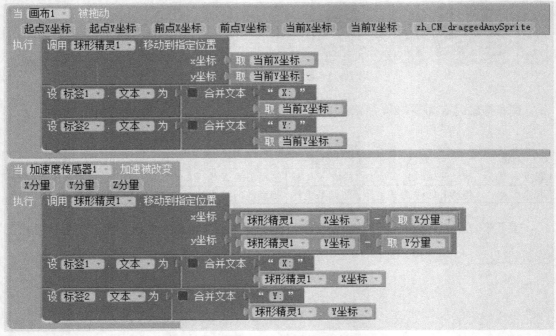

图 18-15　小球滚动程序图

任务小结

本任务中我们学习了如何使用小球组件和方向传感器的应用，掌握了怎样用加速度传感器改变小球位置，用画布的属性改变小球位置。结合以上内容，你是否完成了一个小球滚动的程序呢？

自我实践

读者可以根据自己的兴趣在此应用的基础上进行功能增强，例如：

● 增加小球的数量。

● 手指在屏幕上拖动，让小球围绕手指转圈并跟随滚动。

● 完成一个水平仪的制作。

任务 19　　　　　　　　　　　　　　　　　小秘书

上班族通常很忙，很难迅速地回复朋友或其他人发送给自己的一些重要信息。为了让信息可以第一时间被确认并且发送回去，本任务制作一个自动回复短信的应用，可以在发信人发送信息过来时，会自动接收发信人的电话号码、信息内容，并且在接收的过程中，去读数据库中的回复语句，如果没有则用系统默认的信息发送回去。同时程序还使用语音朗读功能把信息内容通过不同的语言"念"出来。

学习目标

● 对数据库的理解，数据库保存自动回复的信息，接收发信人的信息和电话号码，还有位置传感器的地理位置。

● 对位置传感器（GPS）的理解，在接收到发信人的信息后，不方便回复自己所在的位置，可以用位置传感器发送自己所在的位置，还可以设置在固定的时间发送自己的信息。

● 对在前几个任务中介绍的一些基本组件的理解和使用，比如说按钮，点击时触发一些事件，事件中包含自动回复的信息、数据库里的信息内容；点击按钮，按钮会把事件包含的东西传给数据库。

● 语言播放功能的基本使用方法，把发信人发的信息内容使用语言播放功能播放出来，可以根据信息内容进行播放，也可以自己选择相关语言进行播放。

任务描述

自动回复短信功能主要有：自动接收发信人的信息，记录下电话号码和对应的信息，并且自动回复，同时把接收的信息通过语音朗读功能播放出来。自动回复短信应用还有位置定位的功能，可以在自动回复信息中把地理位置也发送出去，还可以修改自动回复的信息。测试方法为：发送一条短信给已经安装好的应用，如果能立刻接收到信息，并且自动读出来的话，同时还自动回复发信人，要回复相关语句和 GPS 的定位信息，表示应用已经成功，使用 TTS 一定要安装相关的功能包，如果没有则会报错。

"小秘书"程序预览如图 19-1 所示。

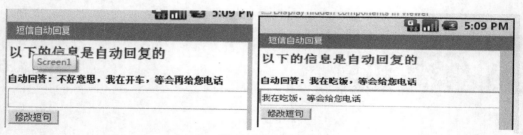

图 19-1　示例图

"小秘书"的界面设计图可参考图 19-2，逻辑图如图 19-3 所示。

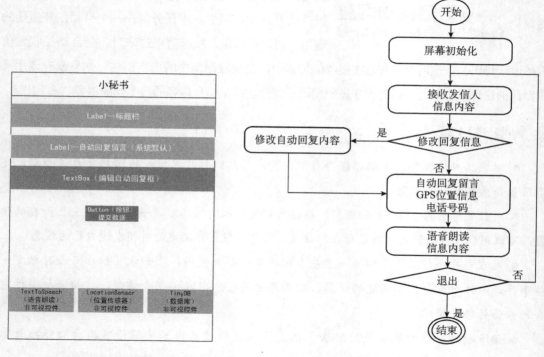

图 19-2　设计图　　　　　　图 19-3　应用逻辑图

"小秘书"程序原理为：

①当你收到短信时短信收发器会自动接收发信人的电话号码及信息内容，然后记住发信人的电话号码，把数据库中的信息取出来，发送给发信人。同时在接收的过程中会使用到位置传感器（GPS），把你最后的位置也一起发送给发信人，并且使用文本语音转换器（简称 TTS）进行语音播报，要求把发信人的内容、电话号码，使用语音播放出来。

②自动回复的语句不是固定的，用户可以自行修改，在主界面的编辑框中输入你想自动回复的话，点击"修改短句"按钮，便可以把数据库中的回复语句修改成更改后的回复语句。

③用户打开"小秘书"应用后可以立刻看到上一次修改的内容，这里用到了屏幕的初

始化功能，判断数据库中有没有上次修改的语句，如果没有就显示"小秘书"应用预先定义好的语句。

开发前的准备工作

整个程序所需要的组件如表 19-1 所示，通过这些组件来实现我们的自动回复应用。

表 19-1　任务组件列表

组件	调色板组	用途
标签	用户界面	标签组件可用来显示文字，标签组件可显示在其文本属性中所指的文字，或者我们可以利用组件设计或逻辑设计来调整文字内容
文本输入框	用户界面	使用者可以在文本输入框组件中输入文字，如果文本输入框为空白，你可以使用提示属性来提醒用户应该输入哪些相关内容，提示会以较淡的颜色显示在文本输入框上，文本输入框组件通常和按钮组件搭配使用，使用者按下按钮后执行后续操作。如果你想隐藏输入的内容，请使用密码输入框
按钮	用户界面	按钮组件可以在程序中设定特定的触碰动作。按钮可知道用户是否在点击它，你可以自由调整按钮的各种属性外观，或者在属性里选择按钮是否可以被点击，启用属性
短信收发器	社交应用	短信收发器组件可以让用户收发短信。当调用发送信息方法时，短信收发器组件会对电话号码属性所指定的电话发出一条短信，当收到短信时会自动调用"收到消息"方法来接收电话号码和短信内容。短信收发器组件通常会和联系人选择框组件搭配使用
文本语音转换器	多媒体	让你的手机念出文字信息的资料，要使组件能得以正常工作，需要安装 Eyes-FreeProject 的 TTS Service app，安装时可以选择各种语言
微数据库	数据储存	微数据库可用于储存资料，之后每次运行应用程序都可以使用数据库资料。它作为一个非可见组件，每次执行时都会被重新初始化，微数据库对应用程序来说是一个永久保存的数据库，每次启动时都可以读取已经存储的数据，例如你可以保存游戏最高分、排行榜等这些资料

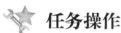 任务操作

1. 布局界面设计

界面布局中需要用到的组件如表 19-2 所示。

表 19-2　布局清单

组件类型	调试板组	组件名称	作用
标签	用户界面	Prompt，Response	作为标题
文本输入框	用户界面	NewResponse	编辑自动回复的语句
按钮	用户界面	SubmitResponse	提交按钮，改变自动回复
短信收发器	社交应用	短信收发器 1	接收发信人信息
微数据库	数据储存	微数据库 1	数据库，储存信息
文本语音转换器	多媒体	文本语音转换器 1	文本转换语音
位置传感器	Sensors	位置传感器 1	方向传感器，用于定位

我们根据上面的清单从组件面板中拖曳组件到工作面板，创建界面布局，总体布局设计如图 19-4 所示。

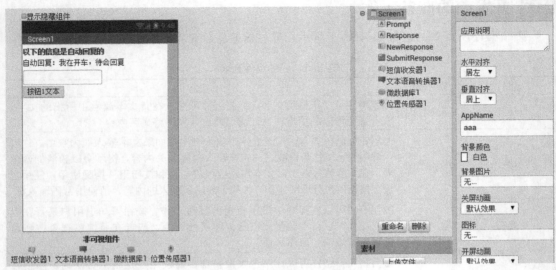

图 19-4　整体设计参考

参数设置的方法已在前面的任务中描述，在任务中可以选择默认参数，短信接收参数如图 19-5 所示。时间间隔表示在一定的时间间隔内触发位置传感器的定位，一般以"分钟"为单位更新位置信息，位置传感器参数如图 19-6 所示。

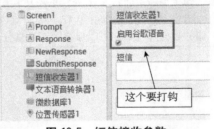

图 19-5　短信接收参数

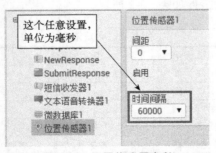

图 19-6　位置传感器参数

2. 功能模块清单

本程序用到的功能模块清单见表 19-3。

表 19-3 所用的功能模块

模块	作用
当 短信收发器1 收到消息 数值 消息内容 执行	信息接收模块，发信人发出信息时，用户接收电话号码和信息内容
数值 消息内容	电话号码和信息内容的变量值
设 短信收发器1 电话号码 为 取 数值	设置电话号码，把通过接收模块得到的电话号码传给短信收发器 1
设 短信收发器1 . 短信 为 合并文本 " My last know location is " 取 global lastKnownLocation Response . 文本 取 数值	设置所要发送的信息内容为：My last know location is ＋最后所处位置＋自定义的回复内容＋电话号码
调用 短信收发器1 . 发送消息	发送信息的功能模块
调用 文本语音转换器1 . 念读文本 消息 合并文本 " The message is " 取 数值 取 消息内容	TTS 语言朗读功能，把合并文本中的内容朗读出来，包含电话号码、信息内容
当 位置传感器1 . 位置被更改 纬度 经度 海拔 执行	在组件设计中设置的时间间隔，到一定时间触发方法，获取 3 个变量值
纬度 经度 海拔	3 个变量值：经度、维度、海拔（指高度）
设 global lastKnownLocation 为 位置传感器1 当前地址	设置 Android 设备地址的信息
当 SubmitResponse . 被点击 执行	点击按钮的触发事件
设 Response . 文本 为 NewResponse . 文本	设置自动回复的信息内容
调用 微数据库1 . 保存数值 标签 " responseMessage " 存储值 Response . 文本	调用微数据库的储存方法，设置标签，储存自动回复的语句

3. 短信接收和 TTS 功能

短信接收模块接收内容，当有人发送信息过来时，短信收发器自动接收电话号码和信息内容，同时设置自动回复的电话号码，并设置自动回复的电话号码和信息内容，自动回复的信息内容包含用户最后所在的位置信息、自动回复的留言。然后调用发送方法 SendMessage 把信息发送出去，如图 19-7 所示。文本语音转换器方法会自动读取发送人的电话号码和信息内容。

图 19-7　短信接收模块 1

在触发信息接收模块后设置自动回复的信息内容，自动回复的信息内容包含你最后所在的位置信息、自动回复留言，如图 19-8 所示。

图 19-8　短信接收模块 2

在发送信息设置好之后，调用发送模块，把信息内容全部发送出去，如图 19-9 所示。

图 19-9　短信接收模块扩展

合并文本方法的主要功能是把最后 3 个参数合并在一起，第一个是文本内容，后面两个是电话号码和信息内容，然后将合并内容用 TTS 朗读出来，如图 19-10 所示。

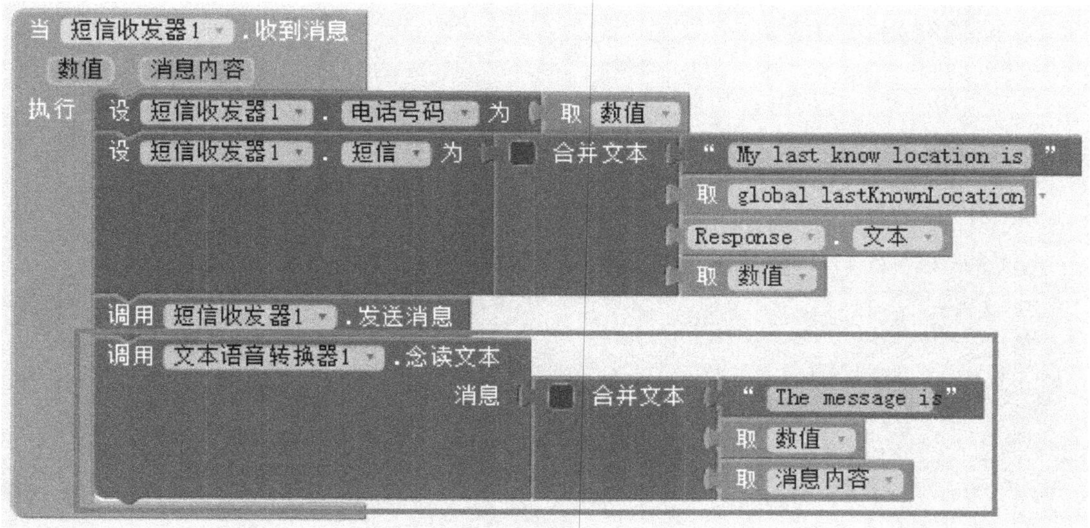

图 19-10　短信接收与 TTS 功能

4. 位置传感器功能（GPS）

当用户持有的 Android 设备的所在地发生改变时会触发位置传感器方法，获取包括经度、维度、海拔 3 个参数的值，并且把位置参数传给 lastKnownLocation 变量，如图 19-11 所示。

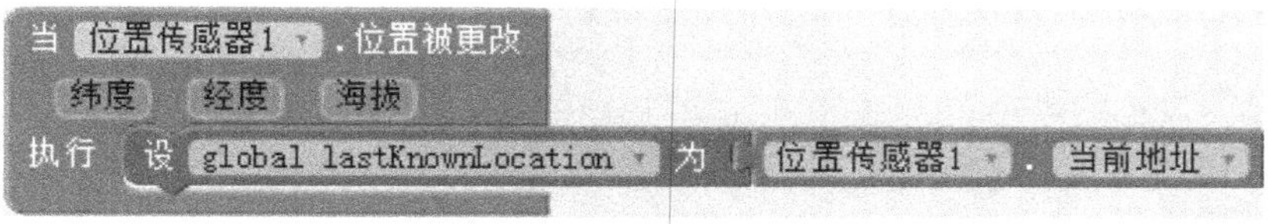

图 19-11　位置传感器模块

5. 修改自动回复功能

点击按钮触发事件，点击按钮后执行事件中的方法，修改自动回复的语句，如图 19-12 所示。

图 19-12　修改自动回复语句

6. 屏幕初始化功能

打开应用时初始化屏幕，如果之前没有设置自动回复，则使用默认的自动回复语句，如图 19-13 所示。

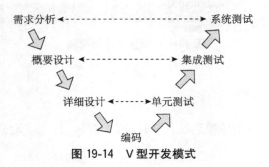

图 19-13　屏幕初始化功能

7. 任务实施指导书

经过前面多个任务的锻炼，我们回顾一下完成任务的关键流程与步骤，形成良好的思维与开发习惯。通常软件开发有多种模式，如瀑布、迭代、增量等。对于一个初学者，重要的并非选择时髦的方法，严谨的思维与周密的思考对于训练开发能力有非常大的帮助。对于 App Inventor 这种模块化积木式编程，在开始设计时就需要考虑如何测试，即不能测试的功能无须开发与设计。建议初学者采用 V 型开发模式进行应用开发，如图 19-14 所示。

需求分析 ← - - - - - - - - - - - - - - - - - - → 系统测试

概要设计 ← - - - - - - - - - - - - - - → 集成测试

详细设计 ← - - - - - - → 单元测试

编码

图 19-14　V 型开发模式

V 型开发模式左边是设计和分析，右边是验证和测试。右边是对左边结果的检验，即对设计和分析的结果进行测试，以确认是否满足需求。即软件测试是在代码完成之后进行的。以小秘书任务为例，任务实施中关键的重要步骤如下：

①首先拖动标签组件作为标题头和自动回复的留言，如图 19-15 所示。

②然后拖动一个文本输入框作为修改自动回复语句的组件，如图 19-16 所示。

③拖动一个按钮作为提交信息的组件，如图 19-17 所示。

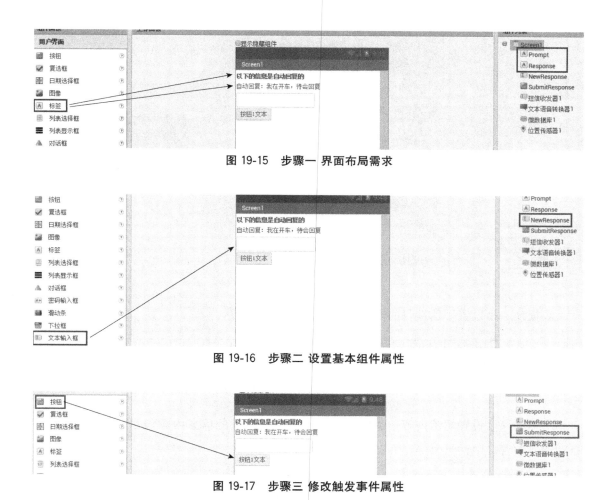

图 19-15 步骤一 界面布局需求

图 19-16 步骤二 设置基本组件属性

图 19-17 步骤三 修改触发事件属性

④自动回复短信，也可以用于接收短信的电话号码和信息内容，如图 19-18 所示。

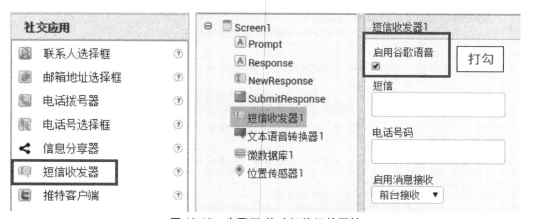

图 19-18 步骤四 修改短信组件属性

⑤拖动短信收发器的信息接收模块，如图 19-19 所示。

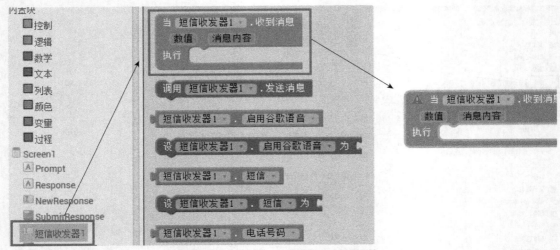

图 19-19　步骤五 编辑短信接收模块

⑥拖动一个设置短信接收的电话号码，如图 19-20 所示。

图 19-20　步骤六 设置电话号码

⑦拖动一个设置短信内容信息的方法，完成自动回复的信息内容包括我的地理位置、自动回复留言、电话号码等，如图 19-21 所示。

图 19-21　步骤七 设置信息内容

⑧调用发送方法，把上面的全部信息内容发送出去，如图 19-22 所示。

图 19-22　步骤八 设定发送信息内容

⑨语音朗读模块，把发送者的信息内容还有电话号码朗读出来，如图 19-23 所示。

图 19-23　步骤九 语音朗读内容

⑩拖动一个位置传感器模块，当 Android 设备的位置发生改变时触发方法，把 GPS 位置信息传给一个变量如图 19-24 所示。

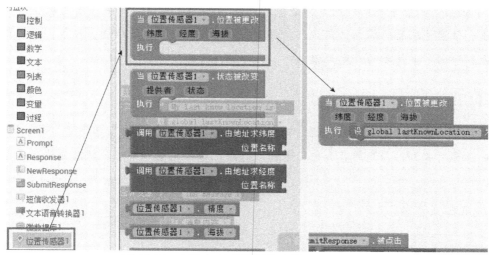

图 19-24　步骤十 使用位置传感器（GPS）模块

⑪拖动一个按钮，修改自动回复的语句，如图 19-25 所示。

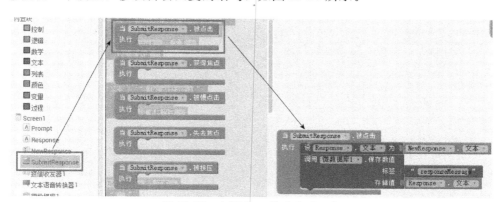

图 19-25　步骤十一 修改自动回复

⑫拖动一个屏幕初始化模块，如果没有修改过自动回复语句，则使用系统默认的信息，如图 19-26 所示。

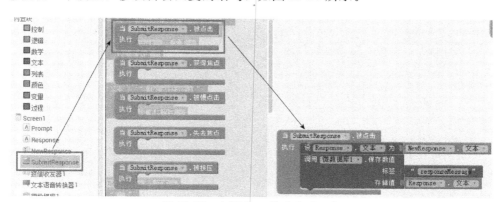

图 19-26　步骤十二 显示数据库中的缺省回复信息代码

任务小结

"小秘书"任务中我们讨论了功能设计与测试之间的关系，并且了解了数据库基本使用方法和位置传感器的基本使用方法，并复习了 TTS 语音播报功能。现在，你在回顾任务后能够给出一个清晰的开发步骤吗？

自我实践

● 如何把自动回复短信的功能，变成通过使用 TTS 来修改自动回复语句的功能。

● 考虑对收到的信息内容和电话号码做一个记录，完成一个统计短信发送数量排名的功能。

吐豆人

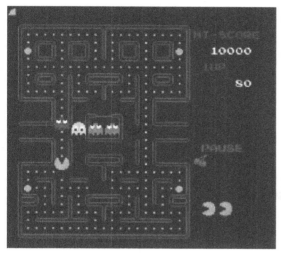

吃豆人是电子游戏历史上的经典街机游戏，由 Namco 公司的岩谷彻设计并由 Midway Games 在 1980 年发行。Pac-Man 被认为是 20 世纪 80 年代最经典的街机游戏之一，游戏的主角小精灵的形象甚至被作为一种大众文化符号，或是此产业的代表形象。该游戏的背景主要以黑色为主，用"Google" 6 个字母组成回廊似的迷宫画面，玩家可以通过控制吃豆人吃掉迷宫里面的所有豆子，同时尽可能躲避怪物。一旦吃豆人吃掉能量药丸，它就可以在一定时间内反过来欺负小鬼怪了。"吃豆人"游戏作为易学难精的典型，广受大众的喜爱，所以本任务将模仿"吃豆人"的游戏理念进行一些创新，做一个"吐豆人"游戏，玩家通过触摸手机屏幕，"吐豆人"吐出小黄豆以击中怪物来获取分数，让我们"一吐为快"吧。

🎯 学习目标

- 了解加速度传感器的作用及其所应用的领域；
- 理解加速度传感器组件的 X 轴、Y 轴、Z 轴；
- 掌握利用加速度传感器组件来控制图像精灵组件的运动；
- 掌握使用标签文本属性的设置方法。

👤 任务描述

- 吐豆人的移动功能：当玩家将 Android 设备向左倾斜时，吐豆人向屏幕左边缘移动，反之则向右移动；
- 吐豆功能：当玩家触摸屏幕时，吐豆人能够从嘴中发出向屏幕上边缘运动的小黄豆；

● 怪物移动的功能：怪物循环地从屏幕上方的左边缘移动到右边缘；

● 自动计分功能：当小黄豆击中怪物时，显示所击中的次数。

"吐豆人"游戏的界面设计可参考图 20-1 所示，吐豆人的实现逻辑图可参考图 20-2 所示。

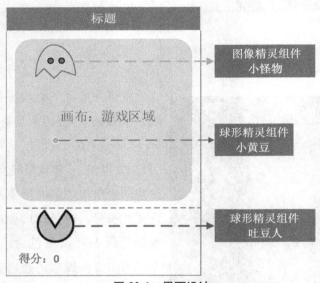

图 20-1　界面设计

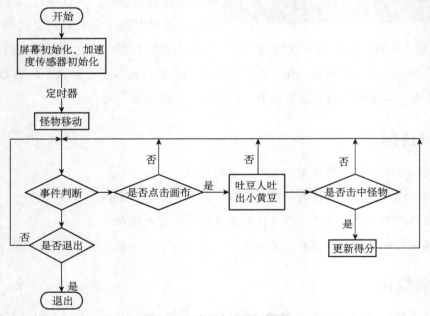

图 20-2　吐豆人实现逻辑图

"吐豆人"程序的功能预览如图 20-3 所示。

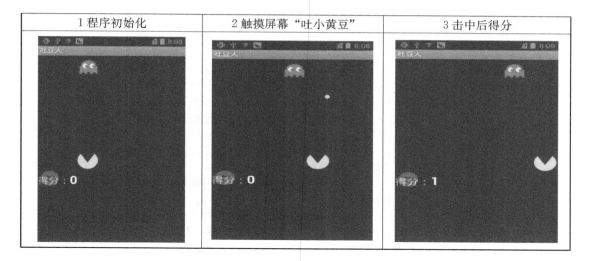

图 20-3　吐豆人游戏截图

"吐豆人"游戏的开发实现流程如下：

①布局组件设计。

②通过使用加速度传感器组件来控制吐豆人的运动。

③通过计时器的定时器功能来使怪物周期性地从屏幕上方的左边缘移动到屏幕上方的右边缘。

④通过使用球形精灵组件的被碰撞事件来使标签上的数字由 0 往上自增 1。

开发前的准备工作

通过上面的 App 功能预览可知，我们需要准备两张图片和两个音频资源，如图 20-4～图 20-7 所示。

图 20-4　吐豆人　　　图 20-5　怪物　　　图 20-6　发射音效　　　图 20-7　击中音效

准备好所需的图片、音频资源后，我们通过组件设计的"上传文件"按钮来上传这些资源，如图 20-8 所示。

图 20-8　上传文件

表 20-1 是整个程序中所需组件的介绍，很多组件前面已经学习过了，这里再次给出详细解释，希望读者能够温故而知新，通过这些组件来实现"吐豆人"游戏。

表 20-1　组件清单

组件	调色板组	解析
画布	用户界面	①画布是一矩形区域，可在其中执行绘画等触碰动作或设定动画。 ②在组件设计或逻辑设计中皆可设定画布背景颜色、涂料颜色、背景图片、宽度和高度等属性，注意宽度和高度的单位是像素且必须是正值。 ③画布上的任何位置皆有一特定坐标（X，Y），其中，X 是坐标点到画布左边的距离，单位是像素。Y 是坐标点到画布上边的距离，单位是像素。 ④可以用画布提供的事件来判断画布是否被触摸或是动画物件是否正在被拖动。另外，也提供了画点、线和圆的方法
图像精灵	绘图动画	①图像精灵组件是一个动画物件，它可和画布上的球及其他图像精灵进行交互。 ②图像精灵组件是一可置放于画布中的动画组件，可以回应触碰和拖拉事件，与其他动画组件（球或其他图像精灵）及画布边缘进行交互，它还可根据属性的设定来移动。例如要让一个图像精灵组件每秒往左边移动 10 个像素，您可以将速度属性设为 4，间隔属性设为 1000（毫秒），方向属性设为１８０（度）和启用属性设为 true，您可以自由调整这些属性来改变图像精灵的行为
球形精灵	绘图动画	①球形精灵组件是一球形的特殊动画组件。 ②球形精灵组件是一可置放于画布中的圆形动画组件，当它被触碰、拖拉、与其他动画组件（图像精灵或球形精灵）交互时或与画布边缘接触时，它可根据不同事件执行对应动作。 ③球形精灵组件也可依照其属性自行移动，例如要让一个球形精灵组件每 500 毫秒往画布上缘移动 4 个像素，您可以设置速度属性为 4，间隔属性设为 500，方向属性设为 90（度）和启用属性设为 true，您可以调整这些属性来改变球的行为。 ④球形精灵组件和图像精灵之间的不同就是图像精灵可以透过上传图片来改变其外观，但球形精灵组件只能调整画笔颜色和半径
标签	用户界面	标签组件可用来显示文字。标签组件可显示在其文本属性中所指定的文字，或者我们可以在组件设计或逻辑设计来调整文字的各种设定
计时器	传感器	计时器组件可产生一个计时器，定期发起某个事件。它也可进行各种时间单位的运算与换算。计时器组件的主要用途之一就是计时。设定时间区间之后，计时器就会定期触发，因而呼叫计时事件。计时器组件的第二个用途是进行各种时间的运算，并以不同单位来表达时间。计时器组件所使用的内部时间格式称为时刻。计时器组件的求当前时间方法可以将现在的时间以"时刻"来回传，提供了许多方法来操作时刻，例如回传一个数分钟或长达数月数年的时刻。此外它还提供了多种时间显示方法，以指定时刻的方式来显示秒、分钟、小时、天

续表

组件	调色板组	解析
音效	多媒体	①音效组件可用来播放较短的音频文档，或使设备震动。 ②音效是一非可视组件，它可用来播放音频文件和让手机震动（时间长度单位为毫秒）。要播放的音频文件名可在组件设计或逻辑设计中设定。请参考 developer.android.com/guide/appendix/多媒体-formats.html 来参考有关档案类型的详细资讯。 ③音效组件适用于播放较短的音频文件，如果要播放较长的音频文件，例如一首歌，这时请使用播放组件
加速度传感器	传感器	加速度传感器组件可回传 Android 设备上的加速度感应器状态，并可侦测设备三个轴向的晃动状况，侦测单位为 m/s²（米每二次方秒）。如果设备屏幕朝上水平静置时，X 和 Y 轴的数值为 0，Z 轴加速度值约为 9.8m/s^2（受地心引力影响）。 X 轴：当设备屏幕朝上静置时，向左倾斜，X 轴的值由 0 逐渐增大，反之则逐渐减小。Y 轴：当设备屏幕朝上静置时，向前倾斜，Y 轴的值由 0 逐渐增大，反之则逐渐减小。Z 轴：当设备屏幕朝上静置时，Z 轴的值为正，反之为负

 任务操作

通过前面的界面设计介绍，我们开始设计"吐豆人"的 UI 界面布局。登录 App Inventor，新建一个项目 PacManShooter 并打开，进入"组件设计师"页面。

1. 布局界面设计

本程序一共包含 8 种类型的组件，它们分别是画布、图像精灵、球形精灵、音效、水平布局、标签、计时器、音效、加速度传感器。组件清单如表 20-2 所示。

表 20-2　组件清单

组件类型	调色板组	命名	作用
画布	用户界面	画布1	基本组件，用于显示游戏的操作范围
图像精灵	Animation	TargetSprite	动画组件，用于动态地显示所要击中的"怪物"
图像精灵	Animation	ShooterSprite	动画组件，用于动态地显示"吐豆人"吐出的"小黄豆"
球形精灵	Animation	球形精灵1	动画组件，用于显示"吐豆人"吐出的"小黄豆"
水平布局	界面布局	水平布局1	屏幕排列组件，用于横向摆放标签标签组件
标签	用户界面	标签1	标签组件，用于显示文本内容"得分："
标签	用户界面	Score标签	标签组件，用于显示击中"怪物"的次数
计时器	用户界面	计时器1	时钟组件，用于周期性地执行移动"吐豆人"所吐出的"小黄豆"
计时器	用户界面	Target计时器	时钟组件，用于周期性地执行向右移动"怪物"
音效	多媒体	音效1	声音组件，用于播放触摸画布时的音频文件（Fight.mp3）
音效	多媒体	音效2	声音组件，用于播放击中"怪物"时的音频文件（Ghost.mp3）
加速度传感器	传感器	加速度传感器1	传感器组件，用于控制"吐豆人"运动的方向

根据上面的组件清单，我们从组件面板中将所需组件拖曳到工作面板的 Screen1 中创建所需要的组件，如图 20-9 所示。

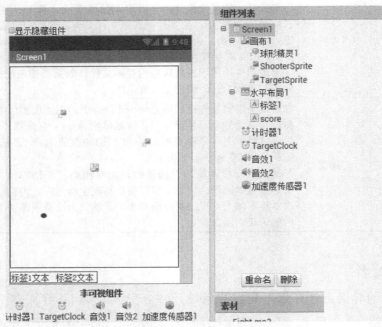

图 20-9　创建游戏界面

将组件拖入后再对应表 20-3 所示修改组件的属性设置。

表 20-3　组件属性设置清单

组件名	属性设置
画布 1	设置背景颜色属性为"黑色"，宽度属性为"充满…"，高度属性为"300 pixels…"
TargetSprite	设置计时间隔属性为"100"，图片属性为"ghost.png…"，X 坐标属性为"36"，Y 坐标属性为"12"
ShooterSprite	设置 Picture 图片属性为"pacman.png…"，X 坐标属性为"1"，Y 坐标属性为"249"
球形精灵 1	设置画笔颜色属性为"橙色"，X 坐标属性为"22"，Y 坐标属性为"232"，取消显示状态属性的钩将该组件设为不可见，当用户触摸画布时再设为可见状态
标签 1	设置字号为"20"，文本属性为"得分:"，文本颜色为"青色"
Score 标签	勾选粗体属性，设置字号为"25"，文本内容为"0"，文本颜色为"白色"
计时器 1	取消计时器启动计时单选框上的钩，在程序初始化时默认不启动定时器；设置计时器间隔属性为"100"毫秒
Target 计时器	设置计时器间隔属性为"1000"毫秒
音效 1	设置源文件属性为"Fight.mp3…"，即触摸画布画布所发出的声音
音效 2	设置源文件属性为"Ghost.mp3…"，即球形精灵 1 组件与 TargetSprite 组件交互时所发出的声音
加速度传感器 1	设置最小间隔值为"400"毫秒，即监测加速度传感器变化的最小时间间隔

在工作面板中的计时器 1、Target 计时器、音效 1、音效 2、加速度传感器等为非可视组件，参考界面如图 20-10 所示。

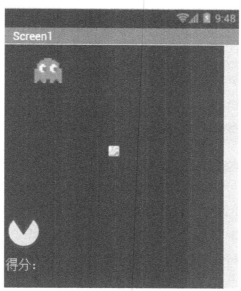

图 20-10　游戏布局

2. 组件的行为添加

通过上一节的学习，我们把"吐豆人"游戏所需的组件都设置好了，但是游戏只有界面，并不具备任何"玩"的功能，所以接下来要做的事就是让界面中的组件实现互动，提供玩的功能。我们点击页面右上方的"逻辑设计"按钮进入逻辑设计界面，对所有组件进行相关行为动作的添加，以实现所要求的功能。

（1）控制"吐豆人"的运动

考虑实现通过左右倾斜 Android 设备来控制"吐豆人"的运动，需要用到之前任务中介绍的"加速度传感器"。通过加速度传感器返回的 X 轴的值，我们可以判断 Android 设备左右的倾斜，当设备屏幕向左倾斜，X 轴的值逐渐增大，反之则逐渐减小。实现该功能所需的组件如表 20-4 所示。

表 20-4　组件清单

Block	作用
当 加速度传感器1 · 加速被改变　X分量　Y分量　Z分量　执行	当检测到加速度传感器 X 轴、Y 轴、Z 轴数值的变化时（即检测到手机被移动时），在执行缺口中执行设置"吐豆人"图片的 X 坐标
X分量　Y分量　Z分量	三个形参变量，用于接收加速度传感器返回的 X 轴、Y 轴、Z 轴的值

续表

Block	作用
如果 取 X分量 > 0 则	用于判断设备是否向左边倾斜，如果是的话，在执行缺口中执行指定的事件
如果 取 X分量 < 0 则	用于判断设备是否向右边倾斜，如果是的话，在执行缺口中执行指定的事件
设 ShooterSprite X坐标 为 ShooterSprite X坐标 - 2	用于设置"吐豆人"图片的 X 轴坐标，每次向左移动 2 个像素点
设 ShooterSprite X坐标 为 ShooterSprite X坐标 + 2	用于设置"吐豆人"图片的 X 轴坐标，每次向右移动 2 个像素点

当设备屏幕朝上水平静置时，X 轴的值为 0，然后向左倾斜设备，X 轴的值由 0 逐渐增大，反之则逐渐减小，由此，我们可以知道，当 X 轴为正值时，代表设备的此时状态向左倾斜，负值则代表设备向右倾斜了。在理解的基础上，我们开始将上面所列的 Blocks 进行拼接，步骤如下：

①将判断 Android 设备向左倾斜的方法块拼接到 加速度传感器 1. 加速被改变 块的执行缺口中，如表 20-5 所示。

表 20-5　吐豆人向左移动

代码块	代码块说明
如果 取 X分量 > 0 则 设 ShooterSprite X坐标 为 ShooterSprite X坐标 - 2	当检测到 Android 设备向左倾斜时，"吐豆人"图片每隔 400 毫秒向左移动 2 个像素点

②将判断 Android 设备向右倾斜的方法块也拼接到 当加速度传感器 1. 加速被改变 块的执行缺口中，如表 20-6 所示。

表 20-6　吐豆人向右移动

代码块	代码块说明
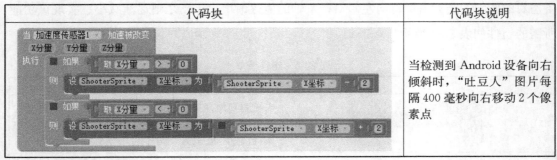	当检测到 Android 设备向右倾斜时，"吐豆人"图片每隔 400 毫秒向右移动 2 个像素点

完成上面的拼图后，我们就可以通过左右倾斜手机来控制"吐豆人"的移动方向，快

运行测试一下吧！点击块编辑器右上方的"连接"按钮连接一个已运行的 Android 设备。程序运行后，假如通过左右倾斜手机，"吐豆人"会根据所倾斜的方向移动位置，则说明该功能正常运行。

（2）"怪物"的运动

通过上一节的学习，你应该已经学会了如何使用加速度传感器组件来控制一个图像精灵组件的运动。为了增加游戏的乐趣和难度，接下来我们来做一个循环的动画，使我们的"怪物"从屏幕上方的左边缘水平"飘"到屏幕上方的右边缘。所需的组件如表 20-7 所示。

表 20-7　组件清单

Block	作用
当 TargetClock · 计时　执行	当 Target 计时器定时器启动时，每隔 1000 毫秒在执行缺口中执行"怪物"图片向右移动的方法块
设 TargetSprite · X坐标 · 为 ■ TargetSprite · X坐标 · + 10	用于设置"怪物"图片 X 轴坐标，使"怪物"图片向右移动 10 个像素点
当 TargetSprite · 到达边界　边缘数值　执行	当"怪物"图片接触到屏幕的边缘时，在执行缺口中执行重置"怪物"水平位置的方法块
设 TargetSprite · X坐标 · 为 10	用于设置"怪物"图片 X 轴坐标，重置"怪物"的水平位置

根据表 20-7 提供的信息，我们将"怪物"图片向右移动的方法块拖到 当 TargetClock. 计时 块的执行缺口，以及将重置"怪物"水平位置的方法块拖到 当 TargetSprite. 到达边界 块的执行缺口中去。拼图及相关说明如表 20-8 所示。

表 20-8　怪物移动

代码块	代码块解释
当 TargetClock · 计时　执行　设 TargetSprite · X坐标 · 为 ■ TargetSprite · X坐标 · + 10	每隔一秒，怪物向右移动 10 个像素点
当 TargetSprite · 到达边界　边缘数值　执行　设 TargetSprite · X坐标 · 为 10	当"怪物"移动到屏幕的边缘时，将其水平位置默认设为第 10 个像素点

通过上面的两个拼图，"吐豆人"游戏中的怪物就可以循环地从左至右"游走"了。测试一下？点击块编辑器右上方的"连接"按钮连接一个已运行的 Android 设备，当游戏运行时，若屏幕中的"怪物"从屏幕上方的左边缘移动到右边缘，则表示该功能正常运行。

（3）小黄豆的运动

在前两节的学习中，我们的"吐豆人"和"怪物"都会动了，但是它们之间有一

"岸"之隔，吐豆人要怎样才能打中不断移动的怪物呢？没错，就是通过吐"小黄豆"来击中对面的怪物，玩家通过触摸屏幕中的画布使"吐豆人"发射"小黄豆"。所以本节将通过画布的被碰触事件来实现该功能。所需的组件如表 20-9 所示。

表 20-9　组件清单

Block 类型	作用
	当画布被触摸时，在执行缺口中的执行指定的事件。x：形参变量，用于保存玩家所触摸位置的 X 轴坐标值；y：形参变量，用于保存玩家所触摸位置的 Y 轴坐标值；zh _ CN _ touchedAnySprite：形参变量，用于保存玩家所触摸的图像精灵组件
	将"小黄豆"的位置移动到"吐豆人"图片的正上方，也就是嘴巴的位置
	设置球形精灵 1 小黄豆的可见属性，将所吐出的"小黄豆"设为可见状态，true 代表真
	启动计时器 1 定时器，true 代表真
	当计时器 1 启动时，每隔 100 毫秒，执行"执行缺口"中使"小黄豆"向屏幕上边缘移动的方法块
	设置"小黄豆"的 Y 轴坐标，使"小黄豆"向屏幕上边缘移动 15 个像素点
	用于播放吐"小黄豆"时的音频文件

通过表 20-9 对所需的组件详细描述，我们开始对其进行拖动组合，步骤如下：

①把移动"小黄豆"位置的方法块移动到 当画布 1．被碰触 事件块的执行缺口中，拼图及相关说明如表 20-10 所示。

表 20-10　设置小黄豆的初始位置

代码块	代码块说明
	当画布被触碰时，程序将立即把"小黄豆"的位置移至"吐豆人"的嘴巴上并发出吐"小黄豆"的音效

②拖动 设球形精灵 1．显示状态为 方法块到 当画布 1．被触碰 事件块的执行缺口中，相关说明如表 20-11 所示。

表 20-11　将小黄豆设为可见

代码块	代码块说明
	当画布被触碰时，程序立即把隐藏的"小黄豆"设为可见状态，可以把它之前隐藏的状态当作它是在"吐豆人"的嘴巴里，所以在还没发射前是不可见的

③将使"小黄豆"向屏幕上边缘移动的方法块拖到 当计时器1.计时 事件块的执行缺口中，然后把启动计时器 1 定时器的方法块拖到 当画布1.被触碰 事件块的执行缺口，现在"吐豆人"吐出小黄豆了。拼图及相关说明如表 20-12 所示。

表 20-12　小黄豆的运动

代码块	代码块说明
	当画布被触碰时，程序立即启动计时器 1 定时器
	当定时器被启动时，每隔 100 毫秒，"小黄豆"向屏幕上边缘移动 15 个像素点

④在上一步骤中，我们已经完成了使小黄豆移动的功能，但是通过运行测试你会发现，"吐豆人"所发射的"小黄豆"运动到屏幕的上边缘就贴在那里不动了，怎么办呢？我们接下来将设置小黄豆可见属性的 设球形精灵1.显示状态 方法拼接到 当球形精灵1.到达边界 块的执行缺口中，拼图及其说明如表 20-13 所示。

表 20-13　将球形精灵 1 设为不可见

代码块	代码块说明
	当小黄豆到达屏幕边缘时，将小黄豆设为不可见的状态

好了，就是这么简单！点击"连接"按钮连接一个已运行 Android 设备测试本节所要实现的功能，当程序运行时，触摸屏幕中的画布，如果"吐豆人"向屏幕的上边缘吐出"小黄豆"，则说明该功能正常运行。

（4）自动计分功能

玩游戏得分越高越有成就感，现在增加一个自动计分的功能，每当玩家使"小黄豆"

击中怪物，显示所击中的次数。实现计分功能所需的组件如表 20-14 所示。

表 20-14　组件清单

Block 类型	作用
当 球形精灵1 被碰撞　其他精灵　执行 设 其他精灵 为 TargetSprite	当球形精灵 1 小黄豆和 TargetSprite 怪物接触时，在执行缺口中执行计分的方法块
设 score 文本 为 ■ score 文本 + 1	用于设置 score 标签的文本内容，即小黄豆每次击中怪物时，score 标签中的数值＋1
设 球形精灵1 显示状态 为 false	用于设置球形精灵 1 小黄豆的显示状态（可见）属性，false 代表关闭可见状态
设 计时器1 启用计时 为 false	用于设置计时器 1 定时器的可见属性
调用 音效2 播放	用于播放小黄豆击中怪物时的音频文件 Ghost. mp3

接下来，我们将计分的方法块拖到 当球形精灵 1. 被碰撞 块的执行缺口中，然后将播放 Ghost. mp3 音频文件的方法块拖动拼接到 score. 文本 块的下方，这样不仅实现了自动计分的功能，同时还能播放击中目标时的音效，如表 20-15 所示。

表 20-15　计分功能的实现

代码块	代码块说明
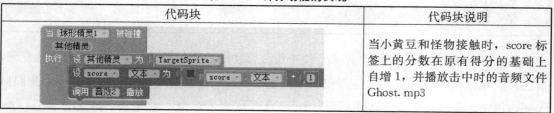	当小黄豆和怪物接触时，score 标签上的分数在原有得分的基础上自增 1，并播放击中时的音频文件 Ghost. mp3

到这里，我们已经完成了"吐豆人"游戏的基本功能，但是为了提高用户体验，我们还需要将 计时器 1. 计时 启用方法块拖动拼接到 调用音效 2. 播放 块的下方；然后将 设球形精灵 1. 显示状态为 方法块拖动到 设计时器 1. 启用计时为 启用方法块的下方，代码块及相关解释如表 20-16 所示。

表 20-16　关闭定时器以及将小黄豆设为不可见

代码块	代码块说明
当 球形精灵1 被碰撞　其他精灵　执行 设 其他精灵 为 TargetSprite　设 score 文本 为 ■ score 文本 + 1　调用 音效2 播放　设 计时器1 启用计时 为 false　设 球形精灵1 显示状态 为 false	当小黄豆和怪物接触时，关闭使小黄豆移动的定时器计时器 1. Timer，并将小黄豆设为不可见状态

点击"连接"按钮连接 Android 设备进行测试，当程序运行时，触摸画布，使"吐豆人"发射"小黄豆"击中怪物，如果在画布下方的分数由 0 变为 1，则说明计分的功能模块正常运行。

最后，我们再来回顾一下整个程序所有的组件模块，如图 20-11 所示。

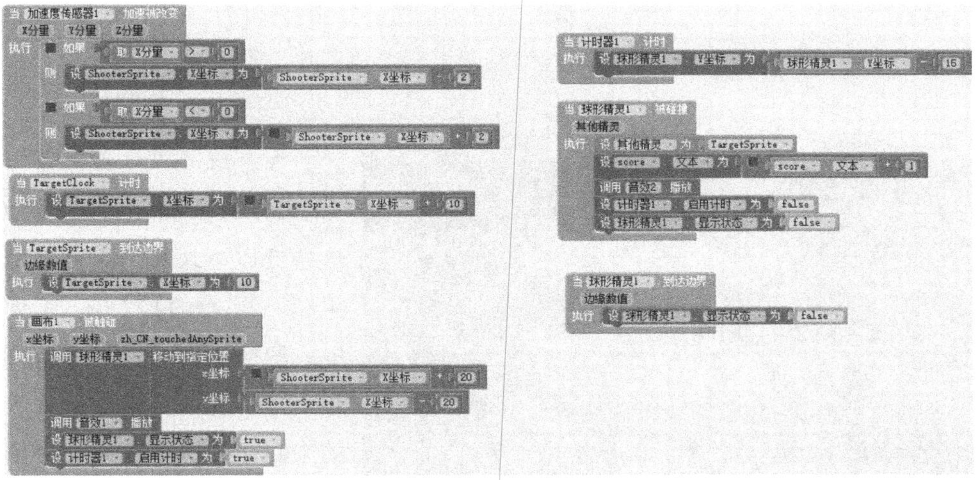

图 20-11　完整代码块

任务小结

本任务实现了一个"吐豆人"游戏的开发，主要知识点有：

● 加速度传感器组件的使用；

● 计时器组件的定时器功能。

自我实践

在游戏中增加随机出现障碍物，以及怪物反击功能，实现多角色的互动。

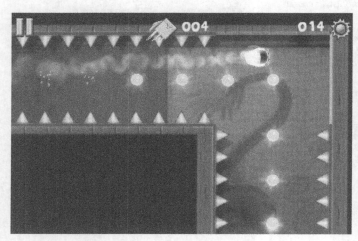

大家玩过"豆腐忍者"（To-Fu：The Trials of Chi）游戏吗？该游戏以一块弹性十足的豆腐为主角。游戏的操作为典型的触屏，按住豆腐忍者，然后将其拉长，松开手指就能让其按照拉长的方向弹跳出去。过关的条件则是成功地到达。在关卡中，玩家将会碰到尖刺、电锯、镭射光线、翻转板和反弹板等各种不同的陷阱和装置。避开陷阱或者利用装置，并且尽可能地获得影响过关评价的"CHI"，将会是玩家需要挑战的目标。

想不想亲手做一款类似的躲避障碍过关游戏？在基础学习中，我们已经学过基本的游戏设计，本任务将综合使用之前游戏设计的技巧，带您一起通过使用画布组件的动画精灵、时钟、自定义过程和迷你数据库（TinyDB）来设计一个复杂一点、好玩的躲避游戏，并且能够记录下游戏的成绩。

🎯 学习目标

本任务中，我们将要学习如何使用画布、动画精灵、时钟来完成一个复杂的游戏程序设计。

● 使用动画精灵的功能：修改动画精灵的各种属性事件激发，比如触碰到边缘事件，碰撞到其他物体事件等，利用这些事件触发完成动作设计；学习设置动画精灵的显示属性，让动画人物隐藏和显示。

● 使用时钟功能来定时处理不同的任务：掌握时钟启动属性设置及启动和停止时钟计时。掌握时钟定时属性，根据时钟定时的事件设置动作。

● 使用数据库 TinyDB 记录历史最好成绩：掌握 TinyDB 的读取方式，记录和读取游戏的成绩。

任务描述

障碍躲避游戏中有如下功能：

● 控制动画人物活动。随意点击屏幕任意地方，控制动画上升；如果不点击，动画人物下降。

● 游戏目标。令画面中的动画人物从右移动到左边而不撞上任何障碍，每次通过可以得到一分，游戏人物又回到最右端。

● 记录成绩。躲避障碍成功通过一次，则记录 1 分，最好的成绩会记录在本地数据库，下次启动直接调用。

● 显示成绩。每次游戏开始会显示历史最好成绩，结束时会显示当前成绩和历史最好成绩。

图 21-1　启动界面截图

● 动画音效。控制动画人物、完成游戏等都会有动画音效播放。

开发前的准备工作

1. 软件预览

游戏主要显示三种界面：启动界面、游戏界面和结束界面，如图 21-1～图 21-3 所示。在启动界面中有一个"开始游戏"按钮，点击就会进入第二个界面（游戏界面），在这个界面中心是一个动画人物（喜羊羊），上下和左侧是障碍物，左侧的 4 个障碍物之间有间隙，障碍物不时上下移动，改变间隙的大小。点击动画人物，喜羊羊就会跳跃奔跑，否则就一直向下跌落。不时点击屏幕令动画人物从右向左移动，并且不能撞上障碍物体。如果成功从左向右通过一次就记 1 分。然后游戏人物从右端向左端行进，周而复始，直到撞上障碍，游戏结束。当游戏结束，跳转到第三个界面，在屏幕上会显示"重新游戏"按钮和显示当前与历史最好成绩（即本轮得分和最好成绩）。程序的实现逻辑框图如图 21-4 所示。

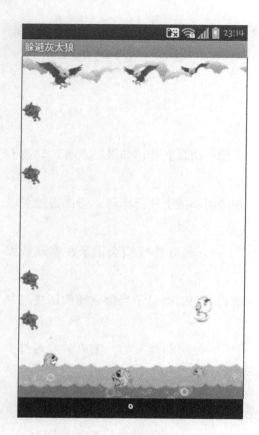

图 21-2   游戏界面截图

图 21-3   结束界面截图

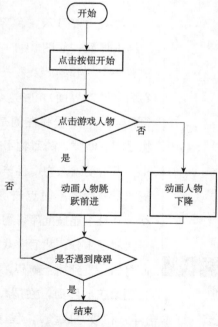

图 21-4   程序实现逻辑图

2. 实现原理

在躲避过关游戏小程序中，将主要使用到动画精灵的属性原理：

● 动画精灵是能够接收触摸点击的图标，点击动画精灵可以产生 . Touch 事件，然后进行内部的程序设计。

● 动画精灵到达画布边缘，也会产生 . EdgeReach 事件，可以在这个事件激发时进行动作设计。

● 动画人物遇到障碍物可以激活动画精灵的 . CollideWith 事件，可以判断遇到的是哪种障碍。

● 时钟组件的 . Timer 属性可以用来处理定时启动的事件，表示规定的时间到，进行动作处理。

3. 了解需要用到的组件

在前面任务中我们一直使用中文版开发，但为了学习利用其他团队的项目，英文版的使用也是必须掌握的，本任务将使用英文版进行项目开发，请对照一下中英文命名方式的差别。利用 App Inventor 开发英文应用，可以获得更多的关注。对照已经完成的任务，使用英文开发，不仅可以掌握更灵活的开发方式，还能够与其他使用 App Inventor 进行开发的团队更好地交流与共享。本任务开发中使用的组件（英文）清单如表 21-1 所示。

表 21-1　组件清单

名　称	图　示	用　途
标签组件 （Label）	**Palette** **User Interface** Button ? CheckBox ? Clock ? Image ? Label ?	用于显示游戏得分
画布组件 （Canvas）	**Palette** **Basic** Canvas ?	用于在屏幕中放置动画精灵，控制动画的动作
动画精灵 （ImageSprite）	Drawing and Animation Ball ? Canvas ? ImageSprite ?	动画精灵是游戏的灵魂，控制游戏中动画的各种动作和障碍物的动作

续表

名　称	图　示	用　途
时钟组件 （Clock）	User Interface 　Button　　　　　　　　⑦ 　CheckBox　　　　　　　⑦ 　Clock　　　　　　　　　⑦	时钟用来定时，用于控制动画运动的时间和顺序
微数据库组件 （TinyDB）	Storage 　FusiontablesControl　　⑦ 　TinyDB　　　　　　　　⑦	微数据库是本地数据库，用于记录当前和历史最好成绩
声音组件 （Sound）	Media 　Sound　　　　　　　　⑦	声音组件用于播放音效

 ## 任务操作

1. 程序的界面布局（Design View）

界面设计中包含下列组件，如图 21-5 所示。

①画布（Canvas）组件，设定为 GameCanvas，属性中长（Height）和宽（Width）都设为充满整个屏幕（Fill parent）。

②在画布上，放置动画精灵（ImageSprite）组件，将其命名为 BirdSprite，作为我们游戏的主角，速度（Speed）设定为 5，意味着每次移动 5 个像素点。

③放置另一个动画精灵组件，命名为 PlaySprite，表示"开始/重试"按钮。

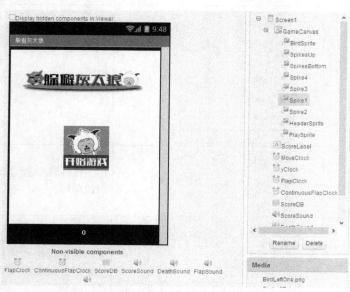

图 21-5　界面设计图

④再放置两个动画精灵组件，分别命名为 SpikesBottom 和 SpikesUp，代表顶端和底部的两个障碍。

⑤再放置 4 个动画精灵组件作为障碍，分别命名为 Spike1、Spike2、Spike3 和 Spike4，这 4 个障碍物在画布上随机放置。

⑥添加一个标签组件（Label），命名为 ScoreLabel，用于显示成绩。

⑦添加 4 个声音（Sound）组件，用于播放声效，其中 ScoreSound 是得分时播放的声效，FlapSound 是用户点击屏幕令动画人物上升的声效，DeathSound 是动画人物撞上障碍的声效，ClickSound 是开始或者重来的声效。

⑧添加 TinyDB 组件，并命名为 ScoreDB，记录历史最好成绩。

⑨添加 4 个时钟（Clock）组件，其中 MoveClock 用于控制用户点击屏幕时动画人物上升时间，当 MoveClock 触发后，动画人物停止上升，在设计窗口中，间隔设计为 300 毫秒。yClock 用于控制动画人物的 Y 轴位置，间隔设计为 0 毫秒。ContinuousFlapClock 用于令动画人物不停地奔跑。FlapClock 用于令动画人物在跳跃的过程中奔跑。

将设计界面框架导出为 Spikes.aia，可以方便其他人导入此框架并修改图片和属性。

2. 逻辑设计窗口（Block View）：游戏准备

（1）变量定义

接下来，需要定义一些变量。变量定义通过 Blocks（逻辑块界面）下 Built-in（内建）中 Variable（变量）下的 initialize global name（初始化全局变量）模块进行（见图 21-6～图 21-11）。本任务共设置文本型全局变量 1 个，如图 21-7 所示，数值型全局变量 6 个，逻辑型全局变量 4 个和列表全局变量 1 个。

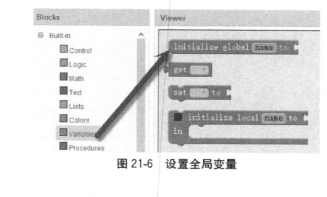

图 21-6　设置全局变量

图 21-7　设置文本（Text）型全局变量

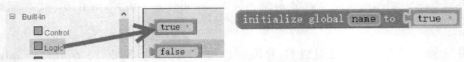

图 21-8　设置逻辑（Logic）型全局变量

图 21-9　设置数值（Math）型全局变量

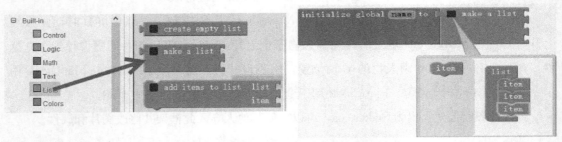

图 21-10　设置列表（List）型全局变量

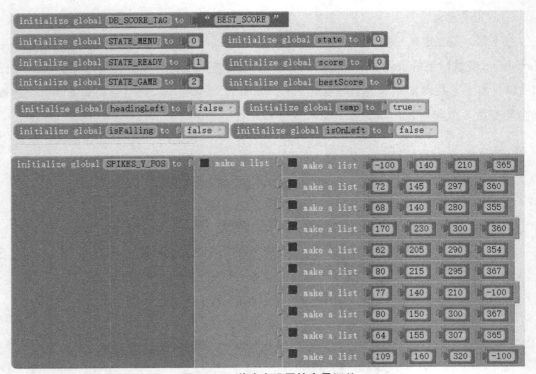

图 21-11　游戏中设置的变量汇总

各个变量的定义说明如下：

①DB_SCORE_TAG 用于读取和保存历史最好成绩。

②STATE_MENU、STATE_READY、STATE_GAME，都是常量，表示游戏的 3 个状态，即在菜单状态、准备开始游戏状态和游戏状态。使用 state 表示当前状态。

③score 存放当前游戏成绩。

④bestScore 存放游戏历史最好成绩。

⑤isFalling 是否当前用户没有点击屏幕，动画人物下降。

⑥headingLeft 动画人物在 X 轴方向移动，不论向左或者向右。

⑦temp 临时变量。

⑧isOnLeft 是否当前障碍在画布的左边。

⑨SPIKES_Y_POS 这是一个列表变量，包含一系列列表，存放 4 个障碍的 Y 轴位置。因为 4 个障碍要么放在左边（X 轴坐标为 0），要么放在右边（X 轴坐标是画布宽度减去障碍宽度），因此仅需要记录障碍 Y 轴的坐标信息。本游戏中创建了 10 组这 4 个障碍的 Y 轴坐标信息（第一个值表示第一个障碍的 Y 轴，第二个值表示第二个障碍的 Y 轴，依次类推），每组信息都保证 4 个障碍之间有恰当的空隙供动画人物通过。设定值时可以在设计窗口中设置好位置，看是否合适，然后将该值信息复制到逻辑设计窗口。在本设计中，有些 Y 轴坐标值是负值，这是因为我们有时候不需要同时显示 4 个障碍，不显示的那个障碍 Y 轴坐标值 < -30。因为障碍的高度是 30 像素，如果不显示该障碍，只要设其 Y 轴坐标值为 -30 即可，为了保险起见，设成 -100。

（2）初始化屏幕定义

在 Blocks 逻辑设计界面中，找到 Screen1 界面，选择 when Screen1.Initialize （初始化）属性，如图 21-12 所示。在游戏初始化时，一定会激活 Screen1.Initialize 事件，但是这个事件只执行一次。初始化表示 Screen1 界面一出现就要进行的操作，操作内容如图 21-13 所示。

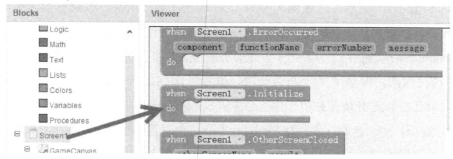

图 21-12 设置 Screen1 初始化操作

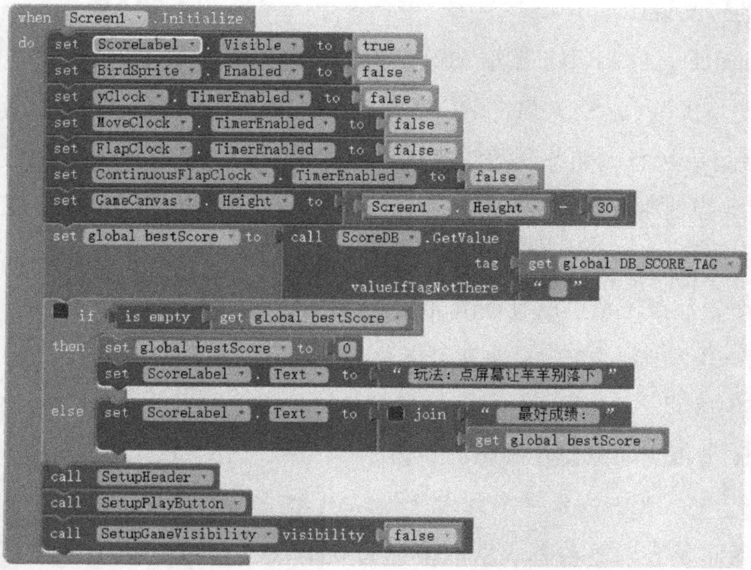

图 21-13　初始化界面需要操作的内容

初始化时动作设置如下。

①设定 ScoreLabel 在界面一出现时就显示，所以 Visible 为 true。

②在界面一出现时动画人物暂时不启用，所以 BirdSprite 的 Enabled 为 false。

③所有时钟暂不启用，TimerEnabled 设为 false。

④将游戏界面的窗口设定为设备高度减去成绩标签的高度（30）。历史最好成绩显示在菜单界面（如果游戏还没打开过，就显示游戏帮助）。

⑤从迷你数据库 TinyDB 事先设定好的标签中读入历史最好成绩，如果还没有历史最好成绩的话，就输出空白。

⑥判断全局变量"bestScore"（最好成绩）是否是空白，如果是的话，bestScore 设成 0，并且显示玩法指南；如果不是，就显示最好成绩。

⑦运行三个自定义的 procedure（过程），过程的定义可以通过 Procedures 模块拖动形成，如图 21-14 和图 21-15 所示，过程的名字根据需要可以自己定义。设定好过程内容后，在 Procedures 模块内就可以找到调用（call）这三个过程的模块，如图 21-16 所示。三个过程分别是：SetupHeader（见图 21-17）用于设定标头的位置，将其置于 X 轴中心，Y 轴顶端，标头用动画精灵构成，但是不产生动画效果，位置设定好以后，令其可见；SetupPlyButton（见图21-18）用于设定开始按钮位于中心位置；SetupGameVisibility（见图 21-19）是一个带输入参数的过程，输入参数（命名为 Visibility）是一个逻辑类型变量，如果其值为真，显示游戏内容，否则隐藏游戏内容，启动游戏时只有"开始游戏"按钮和游戏菜单，点击启动后只显示游戏内容，游戏结束后游戏内容再次隐藏。

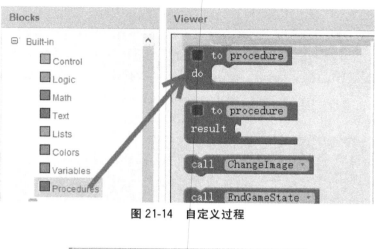

图 21-14 自定义过程

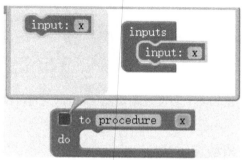

图 21-15 自定义带输入参数的过程

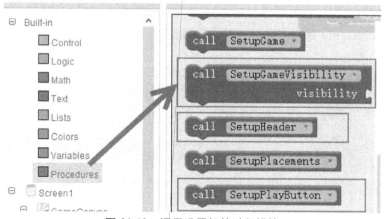

图 21-16 调用设置好的过程模块

图 21-17 设置 SetupHeader 过程内容

图 21-18　设置 SetupPlayButton 过程内容

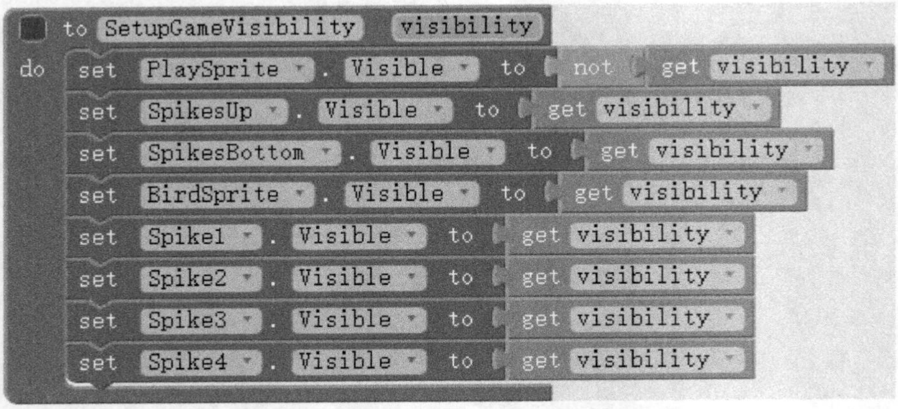

图 21-19　设置 SetupGameVisibility 过程内容

3. "开始游戏"按钮动作定义

点击"开始游戏"按钮后，首先播放 click 声效，然后启动 SetupGame 这个过程，同时启动 ContinuousFlapClock 时钟，该时钟每 300 毫秒就激活一次时钟时间，如图 21-20 所示。其中 SetupGame 是自定义过程，内容如图 21-21 所示。

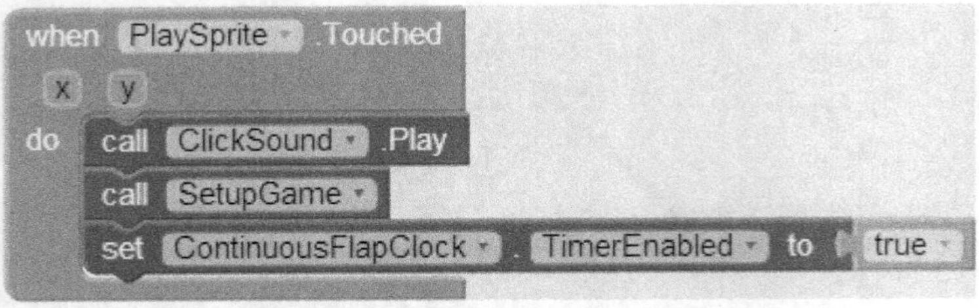

图 21-20　设置开始按钮点击后动作

在 SetupGame 过程中，需要完成的动作有：重置得分 score 为 0；将状态 state 设置为 READY，表示准备好游戏开始；确认分数的标签可见，同时标头不可见；通过 random 这个模块完成随机放置障碍在左边或者右边；运行 4 个自定义过程 SetupTopBottom-Spikes、SetupPlacements、SetupBirdPosition 和 SetupGameVisibility。

其中 SetupGameVisibility 过程前一节已经介绍过，用于设置所有的游戏内容可见性，游戏已经开始，因此输入参数是可见的。SetupTopBottomSpikes 用于设置顶部和底部障

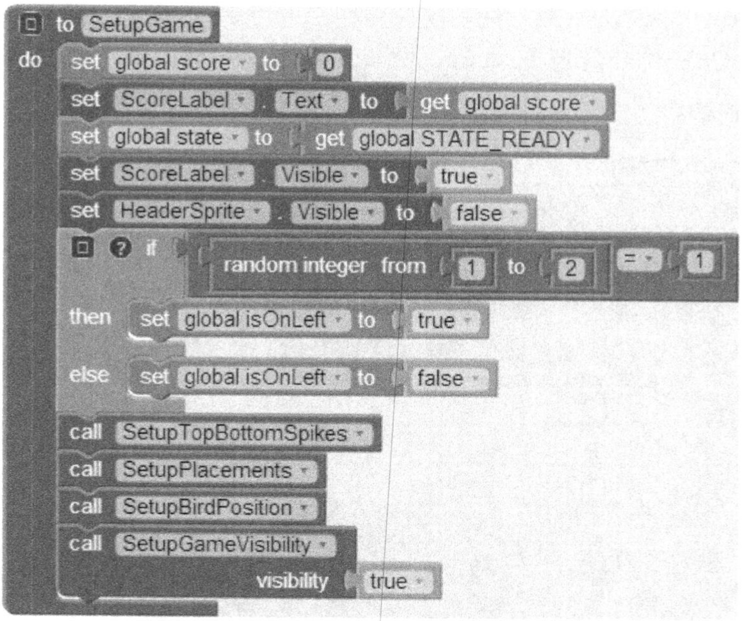

图 21-21 自定义 SetupGame 过程内容

碼的位置,在画布中坐标(0,0)这个点表示左上角,因此顶部和底部障碍的 X 轴为画布中心位置,Y 轴坐标 0 表示顶部,Y 轴坐标是画布高度,则表示底部,如图 21-22 所示。

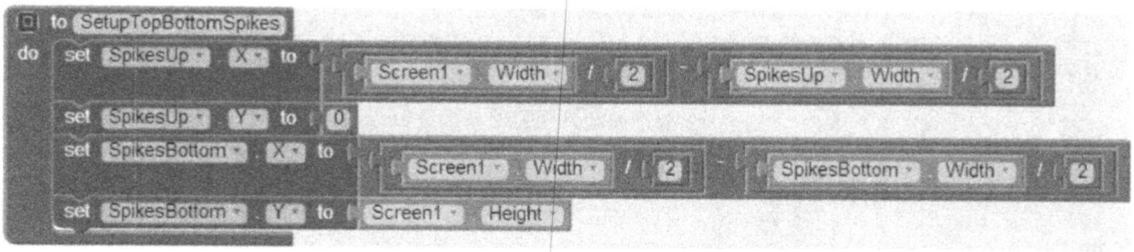

图 21-22 自定义 SetupTopBottomSpike 过程内容

SetupPlacements(见图 21-23)设置动画人物及 4 个障碍的位置:①设定动画人物的速度是 5。②利用自定义过程 GetListItem 实现(见图 21-24)从 4 个障碍的 10 组位置中随机选择一组摆放。4 个障碍的位置存放在 SPIKES_Y_POS 变量中,该变量一个是列表,GetListItem 的第一个参数 parentIndex 指明 10 组中哪一组数据,第二个参数 childIndex 指明是第几个障碍的数据,比如随机获得的数据是第一组的,那么 parentIndex 就是 1,得到〔—100,140,210,365〕这组数据,要获得第三个障碍的 Y 轴坐标 210,则 childIndex 值是 3。③检查从 SetupGame 过程中获得的 isOnLeft 变量的值,如果是左边(true),要改变它的值为 false,因为每次动画人物到达最左边或者最右边都要返回,反之亦然。同时要调转动画人物行进方向,并且使动画(BirdRightOne. png)和行进方向相匹配。因为现在动画人物是向右的,因此障碍物的 X 轴坐标是画布宽度减去自身图像的宽度，"＋1"令图像位置更加好看一些。障碍物用 SpikeLeft.png 表示图像是向左的，但是放在右侧。当 isOnLeft 变量为 false 时，做与上面相反处理，令动画人物的 Heading 为 180，表示向左移动。

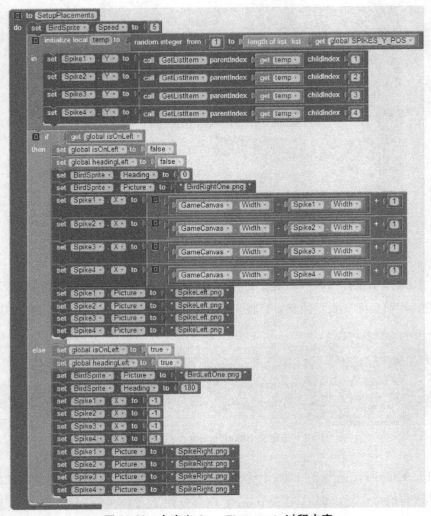

图 21-23　自定义 SetupPlacements 过程内容

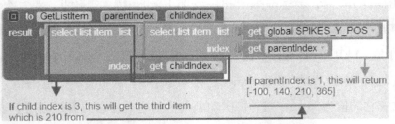

图 21-24　自定义 GetListItem 过程内容

SetupBirdPosition 过程中依据 SetupPlacements 中设定的动画人物的 Heading 方向设置动画人物的位置信息，如果全局变量 headingLeft 为真，则动画人物放在右边，否则放在左边。动画人物的 Y 轴坐标只要保证动画人物所在的高度恰当，不会很快撞上障碍物即可，如图 21-25 所示。

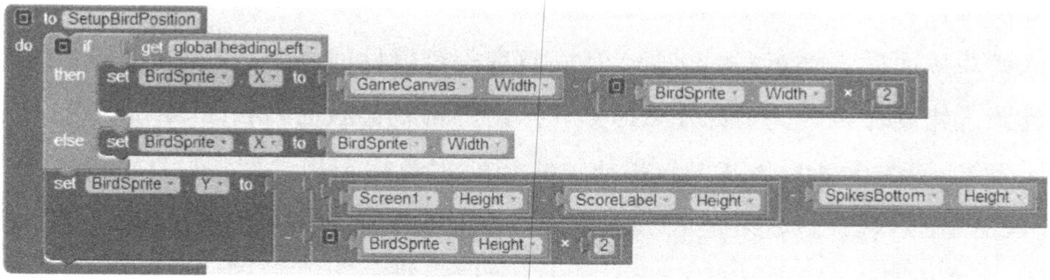

图 21-25　自定义 SetupBirdPosition 过程内容

当"开始游戏"按钮启动时，我们设置令 ContinuousFlapClock 时钟启动，该时钟每 300 毫秒激活一次，每次激活的时候就运行自定义的 ChangeImage 过程（见图 21-26）。ChangeImage 的作用是令动画人物"动"起来。具体为先判断人物行进方向，每个行进方向用两张图表示动作，每 300 毫秒时钟激活的时候就换一张图，这样从视觉上就感觉人物动起来了。若行进方向是向左（headingLeft 为 true），然后判断当前图片是否是 BirdLeftOne.png，如果是的话就换成 BirdLeftTwo.png，否则就换成 BirdLeftOne.png。行进方向向右的情况也是同样的道理。

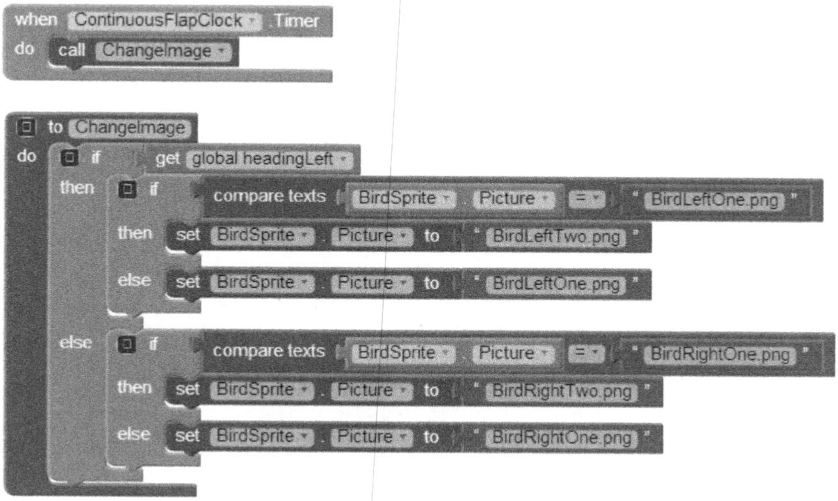

图 21-26　设置 ContinuousFlapClock 时钟激活动作

到这里，我们已经完成点击"开始游戏"按钮后的所有动作设定了。那么进入游戏状态后开始游戏的动作又该如何设定呢？下面这节给大家讲解。

4. 逻辑设计窗口（Block View）：游戏开始

（1）点击屏幕动作设置

点击屏幕的目的是令动画人物跳跃上升，否则，动画人物会一直下降最终会撞上障碍，导致动画人物"死亡"，结束游戏。

进入游戏界面后，画布 GameCanvas 一直在等待事件的发生。在本游戏中，用户点击屏幕令动画人物动作，因此不论什么时候，点击屏幕就会激活 GameCanvas.Touched 事件（见图 21-27）。事件激活后，我们仅需要关心当前游戏状态是"准备好"（READY）还是"游戏"（GAME）状态。如果是 READY 状态，说明用户是第一次点击屏幕，则将状态改成 GAME，停止 ContinuousFlapClock 时钟，同时启动 yClock，因为这时候不需要动画人物奔跑而是需要动画人物跳跃。这时令动画人物激活，因为在设计窗口，动画人物的速度为 5，只要令其 Enabled，则动画人物就可以根据行进方向按照每秒 5 像素的速度在 X 轴方向前进，而 Y 轴方向（跳跃）通过自定义函数 JumpBird 来控制。

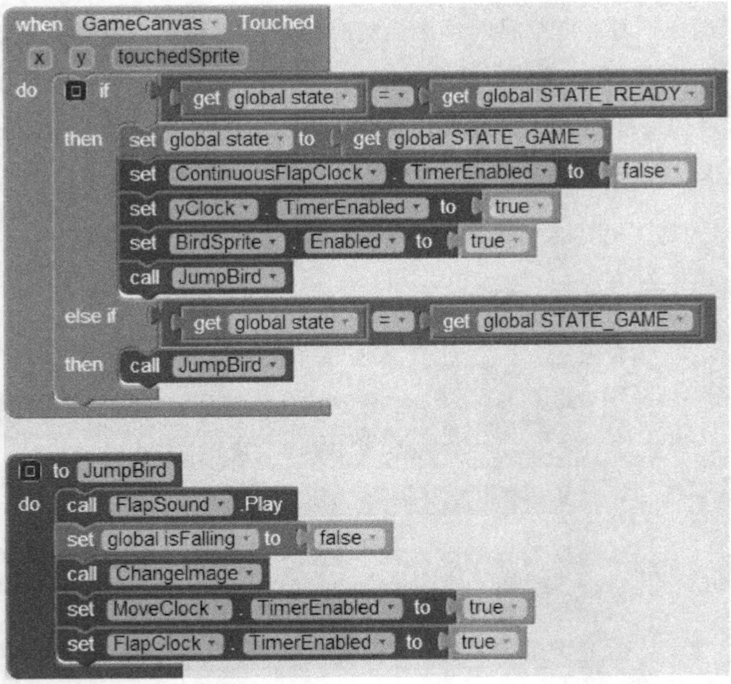

图 21-27　点击画布动作设置

在 JumpBird 过程中，播放跳跃的声效，设定 isFalling 为假，因为现在正在跳跃而不是下降，改变动画人物图像令其看起来正在奔跑，令 MoveClock 和 FlapClock 都启动（见图 21-28），其中 MoveClock 控制动画人物在空中跳跃多久。当 MoveClock 激活时，停止跳跃，并且设置 isFalling 为真，令动画人物下降。当 FlapClock 时钟激活时改变动画人物图像，然后设定令 FlapClock 时钟失效，实现奔跑的动画效果。yClock 用来控制动画人物的上下运动（见图 21-29）。如果 isFalling 是真，则动画人物下降，否则上升。yClock 一旦激活就一直运动。

图 21-28 MoveClock 与 FlapClock 时钟动作设置

图 21-29 yClock 时钟动作设置

（2）动画人物到达左右边缘（得分）动作设置

接下来要处理当动画人物到达左边或者右边边缘时的动作设置。当动画人物到达边缘，可以直接调用动画精灵的 .EdgeReached 属性，如图 21-30 所示。到达边缘，则播放得分声效，调用定义 SetupPlacements 过程摆放 4 个边缘障碍，同时得分＋1，并且通过标签栏显示出当前得分。

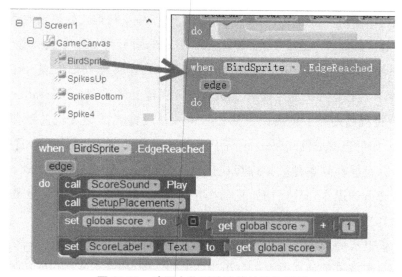

图 21-30 动画人物到达边缘的动作设置

（3）动画人物撞上障碍动作设置

如果动画人物在游戏过程中撞上 6 个障碍（上下各 1 个，左或右有 4 个）中的任何一个，那么根据障碍的不同位置做不同的处理。撞上障碍可以调用动画精灵的 .CollideWith 属性，如图 21-31 所示，如果撞上了上下两个障碍中的任何一个，则直接调用自定义过程 EndGameState 完成游戏（该自定义过程在下面详述，此处简单理解成结束游戏）。如果是撞上放置在左右两侧的障碍，判断 IsDead 过程是否返回的是"true"，如果是"true"，则调用 EndGameState 结束游戏。

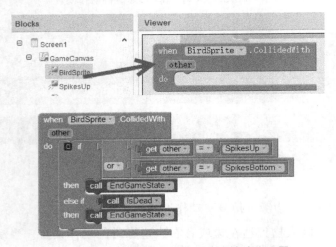

图 21-31　动画人物撞上障碍的动作设置

接下来，详细描述自定义 IsDead 过程，这是一个带返回值的自定义过程，增加动画人物运动的趣味型（见图 21-32）。这个过程描述如下：如果动画人物撞上边缘 4 个障碍中的任何一个，我们先判断动画人物是否在行进方向上已经过了一半路程，如果是的话，就令动画人物"活着"并且令其加速（速度变为 20），同时 IsDead 返回为"false"表示仍然继续游戏。如果动画人物在行进方向上没有超过一半路程，那么 IsDead 返回为"true"表示需要结束游戏。

如果 IsDead 过程返回的是"true"，就要进入自定义的 EndGameState 过程，如图 21-33 所示。这个过程描述如下：播放"死亡"声效；设置界面为重玩的按钮图像（RetryButton.png）；如果当前成绩（score）高于历史最好成绩（bestScore），将最好成绩设置成当前成绩，并且保存到本地数据库里；设置 SetupGameVisibility 为 false，隐藏所有的游戏内容（这部分的操作和界面初始化的操作相反）；最后，如果有历史最好成绩，那么显示最好成绩和当前成绩，否则就仅显示当前成绩。

至此，我们已经完成了一个非常酷的游戏的制作全部过程。因为全部的游戏模块较多，总的游戏总图就不单独列出来了，相信您按照上面的步骤一步步做下来，就可以完成一个自己设计的障碍过关游戏了。

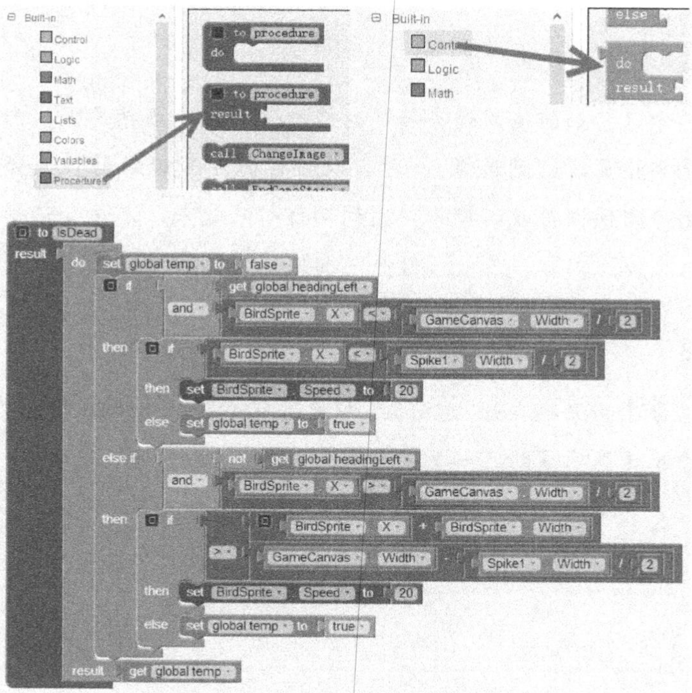

图 21-32　自定义过程 IsDead 动作设置

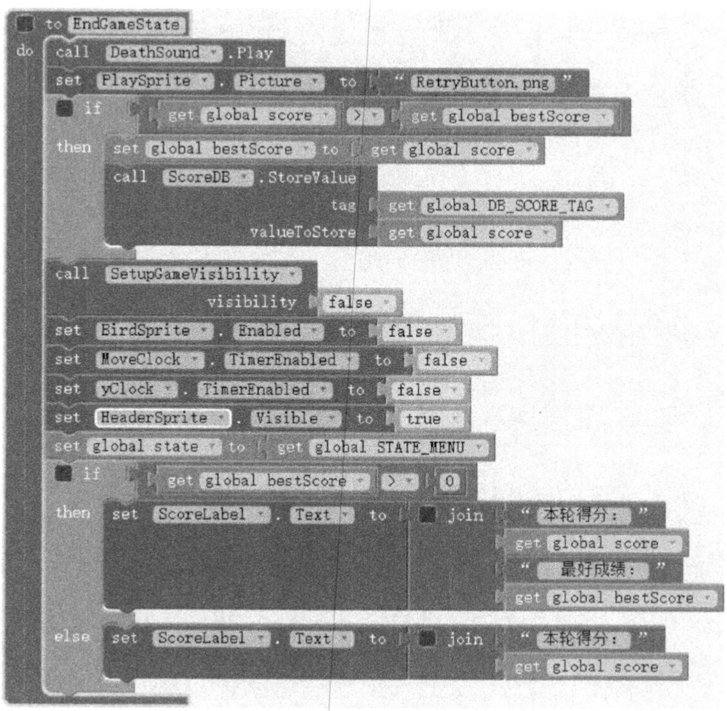

图 21-33　自定义过程 EndGameState 动作设置

任务小结

在任务中我们学习了如何使用动画精灵的属性（点击动画精灵产生活动，动画精灵碰撞到其他物体，动画精灵碰触到边缘），学习时钟定时到了后的动作设置，设置自定义过程，以及利用数据库组件保存数据将一系列的动作封装起来，还学会使用微数据库来保存历史最好成绩，结合以上内容，您能否做个"超级玛丽"游戏呢？动手试试吧！

自我实践

读者可以根据自己的兴趣在此应用的基础上进行增强，例如，增加更多的游戏关卡，完成一个挑战后进入更高难度的下一关。

开 发 篇

App Inventor 开发环境搭建

相信大家经过前面项目的学习，已经很想一睹 App Inventor 的真面目了。App Inventor 为 MIT 的开源项目，具体源码在 GitHub，MIT 都有下载。App Inventor 开源社区平台有大量的技术达人，网址为：https：//groups. google. com/group/app-inventor-open-sou-rce-dev。我们将深入到 App Inventor 的源代码中，来体会一下系统开发的过

程。万丈高楼平地而起，要想修改 App Inventor 的源码，首先要学会如何搭建开发环境，以及测试环境是否搭建成功。

安装平台的说明

操作系统：Windows 操作系统（64 位操作系统最佳）。

内存：官方没有说明，但为了保证开发过程的流畅，建议内存 1GB 及以上。

路径：安装的环境路径不允许有空格等特殊字符，不要使用中文。

示例：

正确的G：\AllKindsOfEnvirinment \ java1. 8

　　　　G：\All-Kinds-Of-Envirinment \ java1. 8

错误的G：\环境 \ java1. 8（不要使用中文）

　　　　G：\All Kinds Of Envirinment \ java1. 8（中间不允许有空格）

　　　　C：\Program Files \ java1. 8（Program 与 Files 的中间有空格）

参考资料：http：\appinventor. mit. edu/appinventor-sources/♯documentation

程序清单

- Java（JDK）7 及以上的版本
- Android SDK
- Python 推荐使用 2.7.5 版本
- GitHub（Git）
- Ant
- App Engine 推荐使用版本 1.9.9
- App Inventor 源码

开发前的准备工作

1. Java 环境搭建

下载网址为 http：//www. oracle. com/technetwork/java/javase/downloads/index-jsp-138363. html。

搭建步骤如下：

①安装 Java 环境（路径全英文，不允许有特殊符号）。

②打开环境变量。以 Windows 8.1 为例，右击"这台电脑"（Windows 7 中叫"计算机"，Windows XP 中为"我的电脑"），在快捷键中选择"属性"命令（见图 22-1）；在打开的窗口中双击"高级系统设置"项（见图 22-2）；打开"系统属性"对话框，切换到"高级"选项卡，点击"环境变量"按钮（见图 22-3）；打开"环境变量"对话框，如图 22-4 所示。

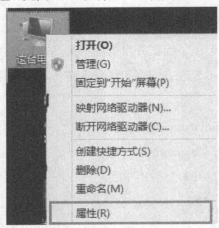

图 22-1　电脑属性

图 22-2　高级系统设置

图 22-3　高级→环境变量(*N*)...

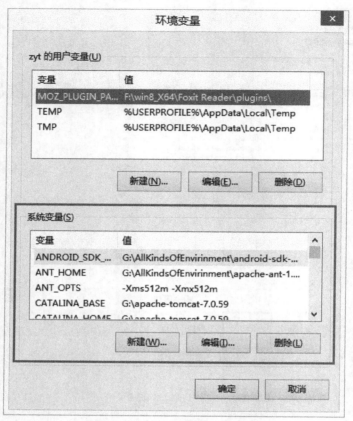

图 22-4　"环境变量" 对话框

③新建系统变量（如果变量名存在则不需要新建，只需要将变量值添加进去或者覆盖原有的值）。

i. 变量名：JAVA _ HOME

变量值：JDK 的根目录。例如 D：\Java。操作过程如图 22-5 和图 22-6 所示。

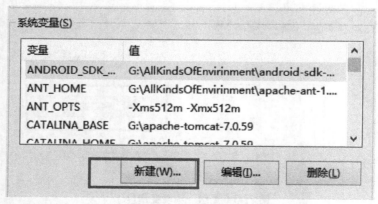

图 22-5　新建系统变量

图 22-6　JAVA_HOME 示例图

ii. 变量名：CLASSPATH

变量值：.;%JAVA_HOME% \ lib \ dt. jar;%JAVA_HOME% \ lib \ tools. jar;（注意：变量值需要在英文输入法下输入），如图 22-7 所示。

iii. 变量名：Path（如果有则不需要新建）

变量值：%JAVA_HOME% \ bin;%JAVA_HOME% \ jre \ bin;（如果变量名已存在，则只需要添加上面的变量值到原有的变量值中），如图 22-8 所示。

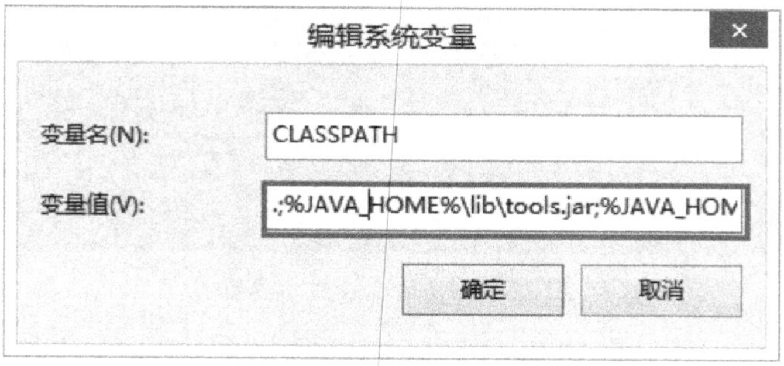

图 22-7　CLASSPATH 示例图

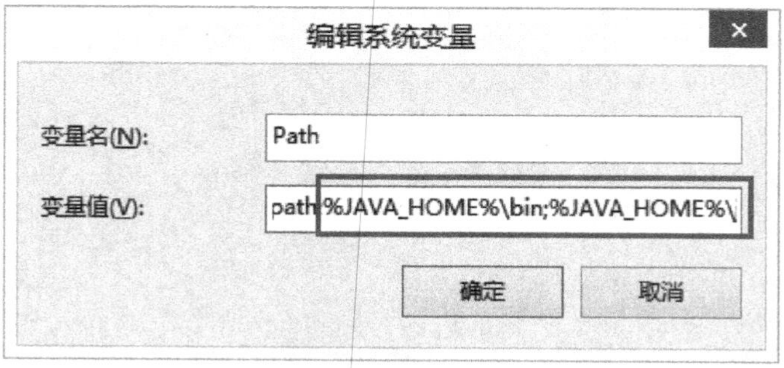

图 22-8　path 示例图

iv. 变量名：_JAVA_OPTIONS

变量值：-Xmx1024M，如图 22-9 所示。

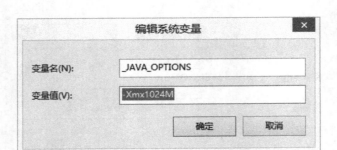

图 22-9　设置虚拟机堆栈

测试方式：打开命令行（按 Win+R 组合键，在弹出的运行框中输入 cmd，然后回车）。分别输入 java，javac，如出现如图 22-10 和图 22-11 所示的界面，则表明成功搭建了 Java 环境。

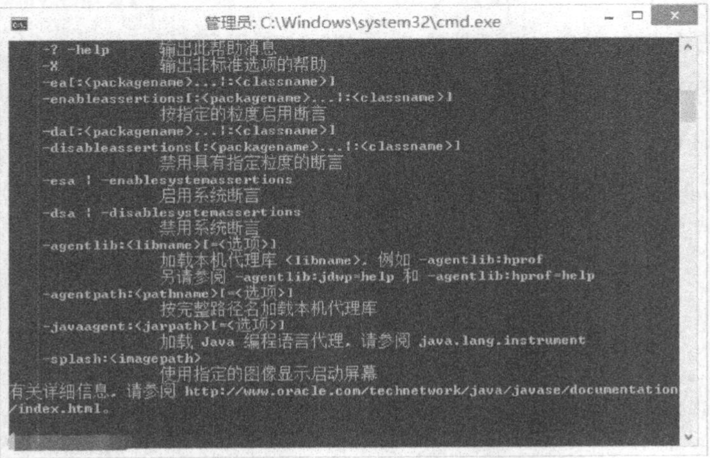

图 22-10　java 命令成功界面

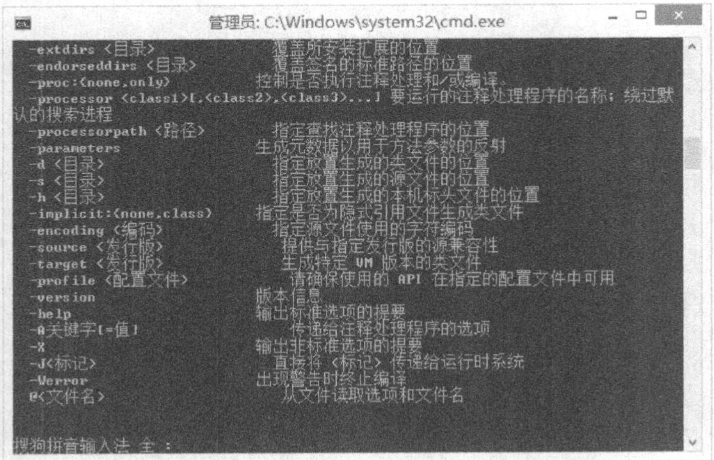

图 22-11　javac 命令成功界面

注意事项：新建系统变量的时候，注意字母的大小写和分号的圆角与半角。

2. Python 环境搭建

Python 是一种解释型、面向对象、动态数据类型的高级程序设计语言，被广泛应用于处理系统管理任务和 Web 编程，下载地址为 http：//www.python.org/ftp/python/2.7.5/python-2.7.5.msi。

搭建步骤如下：

①安装 Pyhon 环境（路径全英文，不能有空格等特殊字符）。

②添加环境变量。在 Path 变量中添加 Python 的绝对路径。如 D:\AllKindsOfEnvirinment\python，示例如图 22-12 所示。

图 22-12　Python 环境变量

测试方法：在命令行中输入 python -h（python 与"-"之间有空格），Python 环境搭建成功如图 22-13 所示。

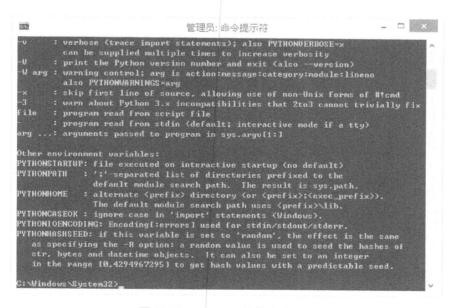

图 22-13　Python 环境搭建成功图

3. Ant 环境搭建

Apache Ant（简称 Ant）是一个将软件编译、测试、部署等步骤联系在一起加以自动化的工具，大多用于 Java 环境中的软件开发。下载地址为 http：//ant.apache.org/bindownload.cgi。

搭建步骤如下：

①安装 Ant 环境（路径全英文，不能有中文）。

②添加系统变量。

i. 变量名：ANT_HOME（Ant 环境的根目录）（见图 22-14）

变量值：如，G：\ AllKindsOfEnvirinment \ apache-ant-1.9.4

ii. 变量名：ANT_OPTS（见图 22-15）

变量值：-Xms512m -Xmx512m（注意大小写）

iii. 变量名：Path（存在，则不需要新建）（见图 22-16）

变量值：%ANT_HOME% \ bin；%ANT_HOME% \ lib；

图 22-14　添加 ANT_HOME 系统变量

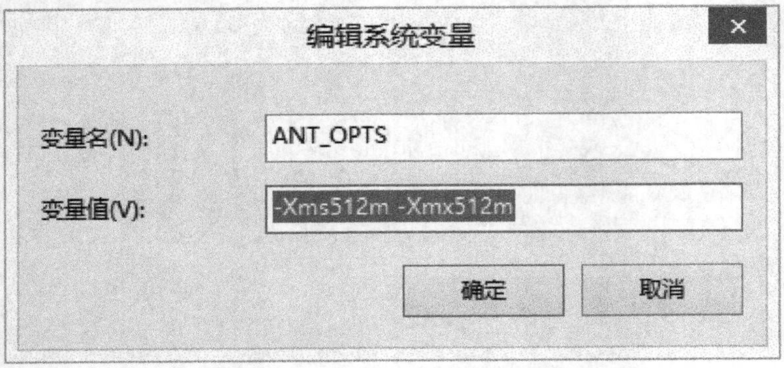

图 22-15　添加 ANT_OPTS 系统变量

图 22-16   添加 Path 系统变量

测试方法：在命令行中输入 ant -version（ant 和 "-" 之间有一个空格），搭建成功如图 22-17 所示。提示：测试成功会出现 Ant 环境的版本号，号码不一定与图中一模一样。

图 22-17   测试成功显示 Ant 版本号

4. GitHub 环境搭建（Git 环境）

Git 是一个分布式的版本控制系统，最初由 Linus Torvalds 编写，用作 Linux 内核代码的管理。在推出后，Git 在其他项目中也取得了很大成功。在 GitHub，用户可以十分轻易地找到海量的开源代码，GitHub 网站上有总计超过 300 万个软件库，其联合创始人 Chris Wanstrath 曾经形象地称其为"程序员的维基百科全书"。

下载地址为 https：//github. com/

搭建步骤如下：

①安装 Git 环境（路径全英文，不能含有中文、空格等特殊字符）。

②添加系统变量。

i. 变量名：Path（如已存在，则无须新建）

变量值：（Git 根目录下的 bin 文件夹）如，G：\ AllKindsOfEnvirinment \ Git \ bin;
示意如图 22-18 所示。

图 22-18　Git 系统变量

测试方法：在命令行下输入 git，搭建 Git 环境成功的界面如图 22-19 所示。

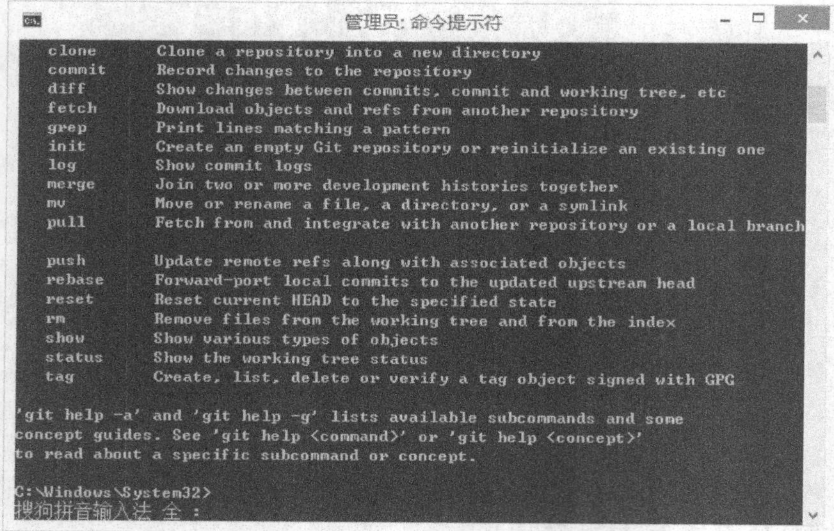

图 22-19　Git 环境搭建成功图

5. App Engine 环境搭建

App Engine 是一种可以在 Google 的基础架构上运行用户的网络应用程序。App Engine 应用程序易于构建和维护，并可根据访问量和数据存储需要的增长量轻松扩展。使用 App Engine，将不再需要维护服务器：只需上传应用程序，它便可立即为用户提供服务。下载地址为 https：//developers. google. com/appengine/downloads。

搭建步骤如下：

①安装 App Engine 环境（请将安装包安装到全英文路径下，无中文、无空格等特殊符号；有压缩包的请解压到全英文路径下，无中文、无空格等特殊符号）。

②添加系统变量。

i. 变量名：Path（如存在，则无须新建）

变量值：App Engine 根目录下的 bin 文件夹，如

G：\ AllKindsOfEnvirinment \ appengine-java-sdk-1.9.9 \ bin；

示意如图 22-20 所示。

图 22-20　AppEngine 系统变量搭建

测试方法：命令行下输入 dev_appserver，出现如图 22-21 所示的界面，则表示搭建成功。

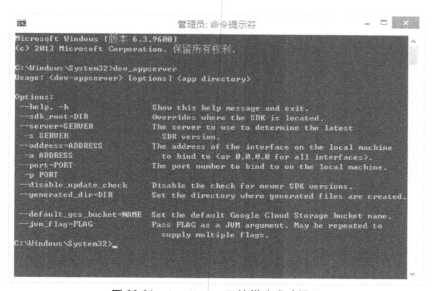

图 22-21　App Engine 环境搭建成功提示

6. Android 环境搭建

Android 是一种基于 Linux 的自由及开放源代码的操作系统，主要用于移动设备，如

智能手机和平板电脑，由 Google 公司和开放手机联盟领导及开发。下载网址为 http：// developer. android. com/sdk/index. html。

搭建步骤如下：

①安装 Android 环境（请将安装包安装到全英文路径下，无中文、无空格等特殊符号；有压缩包的请解压到全英文路径下，无中文、无空格等特殊符号）。

②添加系统变量：

i. 变量名：ANDROID _ SDK _ HOME（Android 根目录）

变量值：如 G：\ AllKindsOfEnvirinment \ android-sdk-windows

ii. 变量名：Path（如存在，则无须添加）

变量值：% ANDROID _ SDK _ HOME% \ platform-tools；% ANDROID _ SDK _ HOME% \ tools；

上述两个示例如图 22-22 和图 22-23 所示。

图 22-22　ANDROID _ SDK _ HOME 系统变量

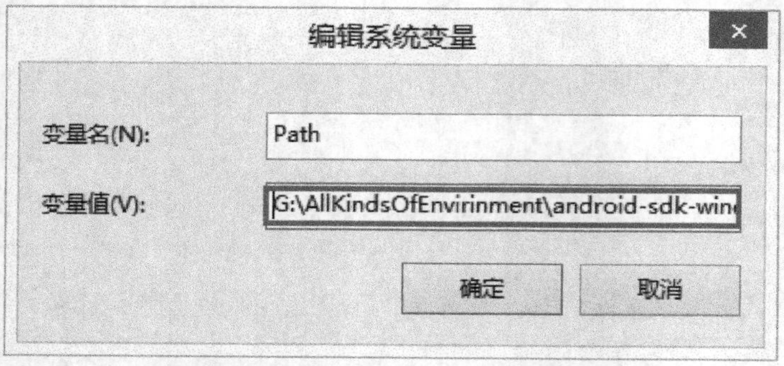

图 22-23　Path 添加 Android 系统变量

测试方法：命令行下输入 Android -h，如出现图 22-24 所示界面，则表明环境搭建成功。

图 22-24　Android 环境搭建成功界面

 任务操作

1. 编译源码

上述的环境搭建完成后开始编译，App Inventor 源代码下载网址为 https：//github. com/mit-cml/appinventor-sources。

编译步骤如下：

①解压源码（确保路径全英文，无中文、无空格等特殊字符）。

②从命令行进入源码根目录下的 appinventor 文件夹。

③输入 ant clean 命令（清理命令。以后修改完源码要编译时，也需要先清理，再编译）。

④Ant 命令（编译命令）。

接下来，源码将会自动编译，直至出现 BUILD SUCCESS，这意味着编译成功。

提示：从命令行进入文件夹目录，示意如图 22-25 所示。

图 22-25　打开命令行界面

然后打开命令行界面。如图 22-26 所示用 cd 命令进入源码的根目录下的 appinventor 文件夹。图 22-27 只是示意图，具体路径可根据自身计算机修改。cd 命令与路径之间有一个空格。

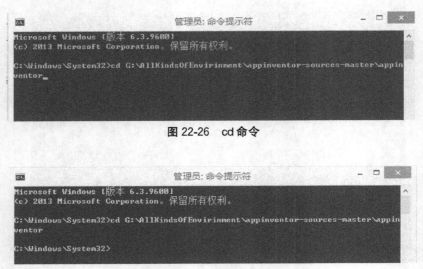

图 22-26　cd 命令

图 22-27　回车后界面

如果源码目录存放位置在 C 盘，则跳过这一步，直接进入下一步。如果存放在非 C 盘，还没进入所在路径。此时，只需要输入磁盘盘符，如 F 或 G 等，可进入路径。

例如，源码位置在 D：\ appinventor-sources-master \ appinventor，则此时需要输入 "d："。如图 22-28 所示路径，则需要输入 "g："。输入后，则会进入源码根目录下的 appinvetor 文件夹。

图 22-28　进入目录

无论是编译过的还是未曾编译的源码，都建议先清除一下类文件（见图 22-29），让其重新编译生成 class。回车后的界面如图 22-30 所示。

如果命令执行成功，会出现 BUILD SUCCESSFUL 的字样。此时开始执行编译命令，输入编译命令：ant，如图 22-31 所示，出现如图 22-32 所示的 BUILD SUCCESSFUL 则表明编译成功。编译成功后，就可以搭建编译服务了。

图 22-29　清除命令

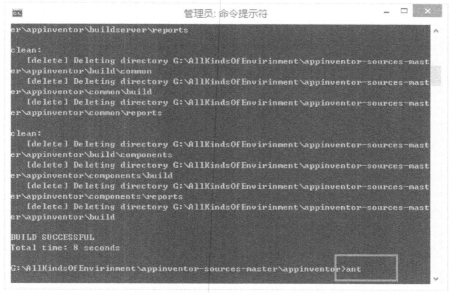

图 22-30　命令清除成功界面

图 22-31　ant 命令

图 22-32　编译成功

2. 搭建编译服务

搭建编译服务，需要在命令行中输入命令：

dev -appserver　-port＝8888　- address＝0.0.0.0　appengine/build/war

注意：port 与 address 前面为两条横杠（- -）。dev -appserver 后有一个空格，-address 前有一个空格，appengine 前有一个空格。命令执行后的界面如图 22-33 所示。如出现 Dev App Server is now running 的字样如图 22-34 所示，则表明搭建编译服务成功。此时可以登录进入我们用源代码编译运行的 App Inventor 了（不能关闭命令行界面，需要保留此服务运行）。

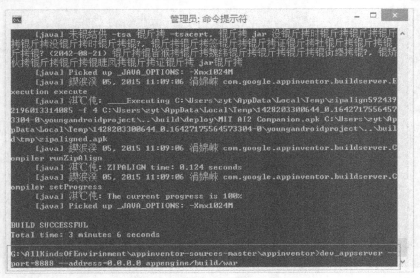

图 22-33　搭建编译服务的命令

图 22-34　搭建编译服务成功

打开浏览器（推荐谷歌浏览器），在地址栏中输入 localhost:8888，如图 22-35 所示，很快在浏览器中就出现 App Inventor 的登录界面了，如图 22-36 所示。

图 22-35　地址栏键入地址

图 22-36　App Inventor 登录界面

可以直接以测试用户登录，进入用户页面，如图 22-37 所示。

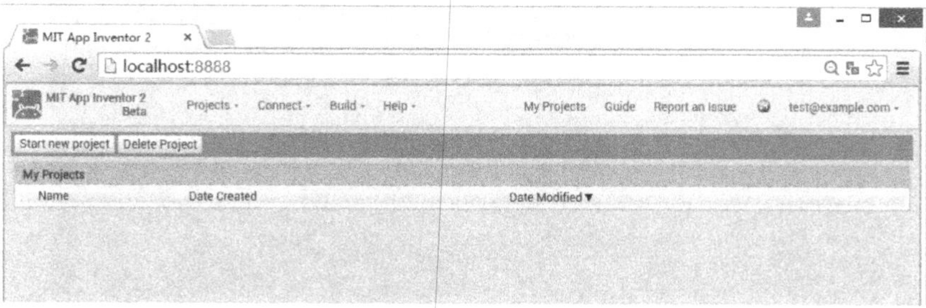

图 22-37　App Inventor 用户界面

点击右上方的"地球"图标可以切换开发语言为简体中文,如图 22-38 所示。

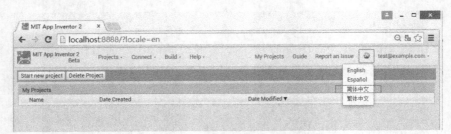

图 22-38　切换为中文环境

3. 搭建打包服务

编译服务搭建完成后,即可如同在线开发一样,开发我们前面学习过的任务。但如果想要打包为 apk,还需要搭建打包服务器。使用命令行,进入源码根目录下的 appinventor 目录,输入命令 ant RunLocalBuildServer,即可搭建打包服务(注意命令大小写),如图 22-39 所示。

图 22-39　搭建打包服务的命令

出现如图 22-40 所示的 Server running 信息,则表明搭建打包服务成功,此时可在 appinventor 中进行 apk 打包。

图 22-40　搭建打包服务成功

提示：在编译打包服务的时候，可能会出现如图 22-41 所示的情况。

图 22-41　编译异常

出现如图 22-41 所示卡住的情况，说明打包服务的端口 9990 被占用。出现这种情况，我们需要先将端口占用解除，步骤如图 22-42 所示。

新建命令行界面，键入命令：netstat － ano | findstr "9990"（netstat 后面有一个空格，ano 前面为一条横杠，"9990" 前有一个空格。注意符号的全角与半角）。

图 22-42　命令

键入命令后，如果当前 9990 端口被占用，则会返回当前占用程序的信息，如图 22-43 所示。

图 22-43　端口占用情况

当前占用 9990 端口的程序的 pid 为 6332。现在我们来结束掉它，在命令行键入 task-kill /pid 6332 /f 即可结束进程（taskkill 后有一个空格，pid 后有一个空格，6332 后有一个空格），如图 22-44 所示。

图 22-44　输入命令

执行效果如图 22-45 所示。

图 22-45　执行效果

结束了被占用的端口后，打包服务就可以正常编译了。

📒 任务小结

　　虽然源代码编译看起来比较复杂，真正做一遍就会发现还是很有成就感的，还可以熟悉主流软件项目部署、管理、云服务等方面的工具。多试几次编译部署，发现问题再到相关社区进行讨论，对强化开发功底是很有帮助的。

App Inventor 自开源以来，就集成了 NXT 乐高编程机器人的控制模块，而比 NXT 更强大的 EV3 乐高机器人从发布至今，官方却还没为 EV3 集成专属于它的控制模块。开发者想要在 App Inventor 上增加自定义的 Blocks，要了解整个结构和所要用到的接口及参数说明，要想控制机器人，必须要和它"对话"。那如何和它进行对话呢？乐高（LEGO）公司定义了一套通信协议，按照这一协

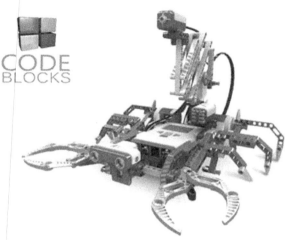

议，定义需要的功能，再将它发送给机器人，它会自行接收，并且通过对应的指令码控制整个行动。现在我们也可以自己开发专门控制 EV3 的可视化模块了，让我们一起试试吧！

 学习目标

控制 EV3 乐高机器人的指令是以蓝牙字节码发送给机器人的，从而实现对 EV3 乐高机器人的控制。而 App Inventor 自带的蓝牙客户端模块已经拥有发送字节码的功能，因此只要在蓝牙客户端模块的基础上集成控制 EV3 的指令即可。

任务描述

以下步骤请在 App Inventor 源码的 com. google. appinventor. components. runtime 包下完成操作，如 D：\ appinventor-sources-master \ appinventor \ components \ src \ com \ google \ appinventor \ components \ runtime

①新建 EV3，BlueToothCommand. java 文件。

②复制 BluetoothClient. java 的全部代码。

③对 BluetoothConnectionBase. java 中的发送字节的方法进行移植。

④完善 EV3BlueToothCommand. java。

⑤集成 EV3 控制指令。

⑥为 EV3 专属模块创建分类。

开发前的准备工作

在 App Inventor 源 码 的 com. google. appinventor. components. runtime 包 下右击新建 EV3BlueToothCommand. java 文件，打开 BluetoothClient. java（蓝牙客户端）文件，并将全部 源码复制到 EV3BlueToothCommand. java 中，修改 EV3BlueToothCommand. java 中的类名和 构造方法名为 EV3BlueToothCommand，修改前后如图 23-1 所示。

```
public final class BluetoothClient extends BluetoothConnectionBase {
  private static final String SPP_UUID = "00001101-0000-1000-8000-00805F9B34FB";

  private final List<Component> attachedComponents = new ArrayList<Component>();
  private Set<Integer> acceptableDeviceClasses;

  /**                                              修改前
   * Creates a new BluetoothClient.
   */
  public BluetoothClient(ComponentContainer container) {
    super(container, "BluetoothClient");
  }
}
```

```
public final class EV3BlueToothCommand extends BluetoothConnectionBase {
  private static final String SPP_UUID = "00001101-0000-1000-8000-00805F9B34FB";

  private final List<Component> attachedComponents = new ArrayList<Component>();
  private Set<Integer> acceptableDeviceClasses;

  /**                                              修改后
   * Creates a new BluetoothClient.
   */
  public EV3BlueToothCommand(ComponentContainer container) {
    super(container, "BluetoothClient");
  }
}
```

图 23-1　修改前后对比

任务操作

1. 移植发送字节方法

在 App Inventor 源码的 com. google. appinventor. components. runtime 包下找到 Blue- toothConnectionBase. java 并打开，搜索 Send1ByteNumber 方法，找到该方法后，除 @ SimpleFunction 这句转块注释，将整个方法复制到 EV3BlueToothCommand. java 中作为 类中的方法，Send2ByteNumber 和 SendBytes 也是如此移植的（这三个方法比较常用，在 SendBytes 不适合使用的情况下，可以考虑使用另外两个方法！），为了不与父类 Blue- toothConnectionBase 中的已转块方法冲突，在移植后分别在方法名后面加上数字 1（或其 他习惯性命名方法），以作区分，代码如图 23-2 所示。

```
public void Send1ByteNumber1 (String number) {
      String functionName = " Send1ByteNumber";
      int n;
      try {
        n = Integer. decode (number);
      } catch (NumberFormatException e) {
        bluetoothError (functionName,
```

续图

```
                ErrorMessages. ERROR _ BLUETOOTH _ COULD _ NOT _ DECODE, number);
            return;
        }
        byte b = (byte) n;
        n = n >> 8;
        if (n ! = 0 && n ! = -1) {
            bluetoothError (functionName,
        ErrorMessages. ERROR _ BLUETOOTH _ COULD _ NOT _ FIT _ NUMBER _ IN _ BYTE,
number);
            return;
        }
        write (functionName, b);
    }
    public void Send2ByteNumber1 (String number) {
        String functionName = " Send2ByteNumber";
        int n;
        try {
            n = Integer. decode (number);
        } catch (NumberFormatException e) {
            bluetoothError (functionName,
                ErrorMessages. ERROR _ BLUETOOTH _ COULD _ NOT _ DECODE, number);
            return;
        }
        byte [] bytes = new byte [2];
        if (byteOrder == ByteOrder. BIG _ ENDIAN) {
            bytes [1] = (byte) (n & 0xFF); // low byte
            n = n >> 8;
            bytes [0] = (byte) (n & 0xFF); // high byte
        } else {
            bytes [0] = (byte) (n & 0xFF); // low byte
            n = n >> 8;
            bytes [1] = (byte) (n & 0xFF); // high byte
        }
        n = n >> 8;
        if (n ! = 0 && n ! = -1) {
            bluetoothError (functionName,
            ErrorMessages. ERROR _ BLUETOOTH _ COULD _ NOT _ FIT _ NUMBER _ IN _ BYTES,
number, 2);
            return;
        }
        write (functionName, bytes);
    }
    public void SendBytes1 (YailList list) {
        String functionName = " SendBytes";
        Object [] array = list. toArray ();
        byte [] bytes = new byte [array. length];
        for (int i = 0; i < array. length; i++) {
    // We use Object. toString here because the element might be a String or it might be some numeric class.
```

续图

```
    Object element = array [i];
        String s = element. toString ();
int n;
        try {
            n = Integer. decode (s);
} catch (NumberFormatException e) {
            bluetoothError (functionName,
            ErrorMessages. ERROR _ BLUETOOTH _ COULD _ NOT _ DECODE _ ELEMENT, i + 1);
            return;
        }
        bytes [i] = (byte) (n & 0xFF);
        n = n >> 8;
        if (n ! = 0 && n ! = -1) {
            bluetoothError (functionName,
ErrorMessages. ERROR _ BLUETOOTH _ COULD _ NOT _ FIT _ ELEMENT _ IN _ BYTE, i + 1);
            return;
        }
    }
    write (functionName, bytes);
}
```

图 23-2　发送字节的三个方法

从代码中可以看出 EV3BlueToothCommand 已经继承了 BluetoothConnectionBase 类，而且 BluetoothConnectionBase 类已经包含这三个方法，那为什么还要进行移植呢？原因是：BluetoothConnectionBase 中的这三个发送字节方法已经使用@SimpleFunction 注释进行转块，并且转块方法无法在类中被其他方法调用。为不影响原本蓝牙客户端模块的正常使用，还要保证 EV3BlueToothCommand 能够调用这些方法发送字节码指令，故将它们移植使用。

2. 编译 App Inventor 源码

经过以上步骤后，已经实现了新的移植了三个方法的"蓝牙客户端模块"，接下来对源码进行编译，以测试该模块是否可用。使用 Win＋R 组合键调出 CMD 命令行窗口，输入 cd D：\ appinventor-sources-master \ appinventor（该路径由计算机中 App Inventor 源码所在路径而定）后回车；再输入 d：回车；再输入 ant，对 App Inventor 进行编辑。如果在此之前有进行过源码的编译，请先输入"ant clean"命令清空记录，再输入 ant 进行编辑，可避免发生记录冲突。

3. 完善 EV3BlueToothCommand

在编译过程中发生三个错误提示并终止编译，CMD 命令行窗口出现的错误提示如

图 23-3 所示。

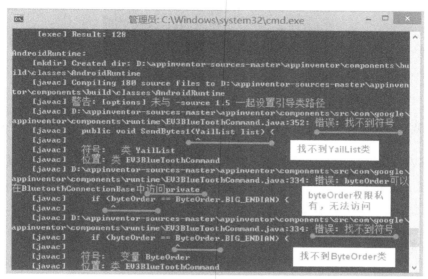

图 23-3 编译错误提示

①第一个错误是 EV3BlueToothCommand. java 代码中的第 352 行的 SendBytes1 方法找不到 YailList 类，SendBytes1 方法是从 BluetoothConnectionBase. java 移植过来的，能够运行，说明 BluetoothConnectionBase. java 中引入了 YailList 类，打开 BluetoothConnectionBase. java，搜索 YailList，找到"import com. google. appinventor. components. runtime. util. YailList;"语句，将其复制到 EV3BlueToothCommand. java 中对应位置即可。

②第二个错误是 EV3BlueToothCommand. java 代码中第 334 行无法访问 Bluetooth-ConnectionBase. java 中的 byteOrder 私有属性，解决方法是打开 BluetoothConnection-Base. java 搜索 byteOrder，将其权限改为 public 即可。

③第三个错误是 EV3BlueToothCommand. java 代码中第 334 行找不到 ByteOrder 类，解决方法与第一个错误的解决方法相同，引入语句为"import java. nio. ByteOrder;"。代码修改如图 23-4 所示。

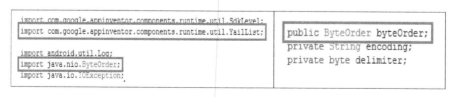

EV3BlueToothCommand. java　　　BluetoothConnectionBase. java

图 23-4 导入包和修改权限

修改这三个错误之后重复第 3 步，对 App Inventor 进行编译，建议先使用 ant clean 命令清除记录和已经编译的 class，编译成功提示如图 23-5 所示。有时会编译失败，提示

"return-1"，这时只需重新输入 ant 编译即可成功。

图 23-5　编译成功提示

4. 集成 EV3 控制指令

打开 EV3BlueToothCommand. java，在类中的最下方输入如图 23-6 所示代码，分别是开启 EV3 电动机指令和关闭 EV3 电动机指令。

```
//start motor，以 speed 的速度开启 port 端口的电动机
    @SimpleFunction（description = " opOUTPUT _ START"）
    public void opOUTPUT _ START（int port, int speed）{
Object []arrayOfByte = { 13, 0, 0, 0, −128, 0, 0, −92, 0, port, −127, speed, −90, 0, port
};
SendBytes1（new YailList（）. makeList（arrayOfByte））;
    }
//stop motor，关闭 port 端口的电动机
    @SimpleFunction（description = " opOUTPUT _ STOP"）
    public void opOUTPUT _ STOP（int port）{
Object []arrayOfByte = { 9, 0, 0, 0, −128, 0, 0, −93, 0, port, 1 };
SendBytes1（new YailList（）. makeList（arrayOfByte））;
    }
```

图 23-6　开启 EV3 电动机指令和关闭 EV3 电动机指令

代码关键部分说明如下：

①@SimpleFunction 是转块注释。

②description=" " 是代码块说明，在 App Inventor 的块编辑中，把鼠标放在任意一个块的方法名上，将显示 description 双引号中的文字说明。

③Object [] arrayOfByte＝{} 用于存放指令码，只在使用 SendByte1 方法发送指令时才使用。

④new YailList（）. makeList（arrayOfByte）是将 arrayOfByte 数组转成 YailList 集合，只在使用 SendByte1 方法发送指令时才使用。

集成以上两个指令之后，使用 ant clean 命令先将记录清除，再使用 ant 命令对源码进行编译，编译成功后，输入 dev-appserver —-port＝8888 —address＝0.0.0.0 engine/build/war/命令开启 App Inventor，等出现 Dev App Server is now running 之后，在浏览器地址栏中输入 localhost：8888，即可访问 App Inventor，这时就可以在新出来的 EV3BlueToothCommand 模块中找到以上两个方法模块，如图 23-7 所示。

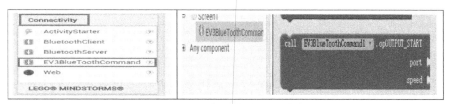

图 23-7　两个新增的方法模块

5. 为 EV3 专属模块创建专属分类

我们已经开发了能够控制 EV3 乐高机器人的模块，接下来将对 EV3BlueToothCommand 模块进行分离，像 LEGO@MINDSTORM 一样，拥有属于自己的分类名。

（1）创建分类名

要创建分类名就需要修改 ComponentCategory. java 文件，该文件在 D:\appinventor-sources-master \ appinventor \ components \ src \ com \ google \ appinventor \ compo-nents \ common 目录下，找到 ComponentCategory 后打开，可以看出，在这个类的构造方法中初始化了大量的 "模块分类名"，只要添加一个自己定义的名称就会出现一个新的分类名，例如，在 LEGOMINDSTORMS（" LEGO \ u00AE MINDSTORMS \ u00AE"）的下面写上 EV3（" EV3 _ Creat _ By _ LQR"），这样出现的分类名就为 EV3 _ Creat _ By _ LQR，这里需要注意的是，EV3 只是一个映射，不是分类名。

（2）自定义分类名中收入模块

在 EV3BlueToothCommand. java 文件中找到@DesignerComponent，修改 "category = ComponentCategory. "后面的名字，比如 category = ComponentCategory. EV3，这里的 EV3 就是 ComponentCategory. java 中分类名为 EV3 _ Creat _ By _ LQR 的映射，分类名为 EV3（" EV3 _ Creat _ By _ LQR"）双引号中的字符串。

完成以上两步之后，找到命令行，按住 Ctrl＋C 组合键停止 App Inventor 进程，先输入 ant clean，再输入 ant，对源码进行编译，编译成功后将出现名为 EV3 _ Creat _ By _ LQR 的分类，如图 23-8 所示。

图 23-8　编译成功

实现了模块化的控制方法后，我们可以用已开发的 Block 来做一个快递小车，如图 23-9 所示。

①Connect 是一个 ListPicker 用于选择连接哪个乐高机器人的 List 列表（打开蓝牙的情况下方可看见）。

②SliderBar 是一个可以左右滑动的控件，用于控制小车的速度，SliderBar 的值最大为 100，最小为 0。

③中间设计为控制小车的基本移动功能，对应 5 个按钮，分别用于控制前进、后退、左转、右转、停止功能。

④最后是红外线传感器功能，设置每 1000 毫秒读取一次红外线传感器的数据，并且显示在屏幕上。

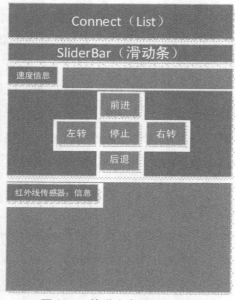

图 23-9　快递小车概要设计图

任务小结

EV3 的通信协议采用了字节码封装的形式，与机器人的虚拟机指令基本对应，并且制定了一套完备的指令和部件编码规范，包括指令类型、名称、参数及部件连接端口、类别等，这一方面使得远程控制功能的开发难度变低，同时也使得远程应用可具有与本机程序同等的控制能力，而且可以实现应用不同平台系统间的移植和扩展，比如将一些本机应用的功能移植到 Android 设备上。有了自己添加 Block 的方法，我们可以自由地控制 LEGO机器人，下一次我们将试试控制无人机噢！

应用人工智能框架快速开发智能应用

 任务分析

自然界的万物多种多样，行万里路可以开阔眼界、增长见识，遇到不熟悉的物体，我们向谁请教呢？目前的人工智能技术能识别输入的图片并根据物体的特征给出结果，不再需要手工处理图片的特征，而且识别过程中的部分误差都作为整体的一部分通过神经网络的反向传播进行修正，最终得到一个经过反复训练后的最佳答案。可以说"深度学习框架是一个炼丹炉"，我们将尝试使用炼丹炉（TensorFlow、百度 AI 等）处理手机拍摄的图片（数据）。而在手机端实现对物体识别所要求的算力可以借助（云）服务器快速地完成。我们将学习如何通过 App Inventor 上传图片到指定的服务端进行分析并显示返回的结果，这个过程中涉及 Python 环境安装、机器学习框架的安装、Web 服务器端脚本的编写及 App Inventor 端的开发工作。

实现步骤概要

- 通过 App Inventor 从手机选择或者拍摄一张图片。
- 将图片通过 HTTP 协议 POST 方法，发送至指定的服务器端。
- 服务器端接收数据后调用 PHP 脚本程序进行动态接收处理，然后保存成文件。
- 对文件使用 PHP 中的 exec 函数调用 Python 脚本（机器学习框架）进行分析，并返回结果至手机端。

知识准备

1. TensorFlow 简介

TensorFlow 是一个开放源代码软件库，用于进行高性能数值计算。借助其灵活的架

构，用户可以轻松地将计算工作部署到多种平台（CPU、GPU、TPU）和设备（桌面设备、服务器集群、移动设备、边缘设备等）。TensorFlow（见图 24-1）可为机器学习和深度学习提供有力支持，并且其灵活的数值计算核心广泛应用于许多其他科学领域。当然，数据的质量和数量直接影响模型的识别效果。

图 24-1　TensorFlow 图标

2. 物体识别

机器学习需要数据作为原料，首先要建立一个可供训练的数据集，可利用符合 TensorFlow 的数据格式来保存这些数据及标注图像相应的标签。TensorFlow 提供了一些基础的模型，让初学者省去了训练模型，降低了入门的难度。我们只需要调用相关的 API 接口，传入模型和图片即可进行计算。如识别出的结果如图 24-2 所示，识别出三种物体，分别是狗、人和足球。英文标签旁的百分比即代表拟合度。拟合度越高，代表越准确。

图 24-2　图像识别结果示例

3. PHP 的安装

我们常使用的网站工作在服务器上，对于从 Web/手机端发来的请求，需要对其进行处理后，给出与请求匹配的数据并按格式将数据返回客户端。PHP 是当前流行且容易使用的服务器端程序，方便提供

图 24-3　PHP 图标　并处理 HTTP 服务与调用 Python 脚本服务。我们从 PHP（见图 24-3）官网上下载最新版本的 PHP 程序（http：//php. net/），然后解压缩。可以选择

PHP7.3.2 的版本进行下载，然后选择 Windows 版本，选择对应的操作系统的版本（本节将选取 PHP7.3.2 VC15 x64 Non Thread Safe（2019-Feb-06 02：14：41）），如图 24-4 所示。下载完成后解压缩到任意位置，路径建议为全英文设置，方便在应用环境中调用路径。

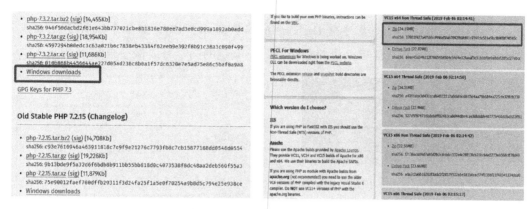

图 24-4　下载 PHP 安装程序

下载完毕并解压缩后检查释放的文件，其中 php. exe 和 php. ini-development 这两个文件后面需要用到。重命名文件 php. ini-development 为 php. ini。注意为了让 PHP 读取这个配置文件，它必须被命名为"php. ini"，后续 PHP 在执行中将根据此文件进行处理。我们需要修改两处跟环境相关的配置信息。

①编辑 php. ini 文件。找到约第 752 行，把"；extension _ dir ＝ " ext""最前面的"；"删除，目的是在 Windows 环境中用于存放可加载的扩充库（模块）的目录，简化调用扩展模块时的路径查找，如图 24-5（a）所示。

②找到约第 905 行，把"；extension＝curl"前面的"；"删除，然后保存文件，开启对 curl 扩展功能的支持。Web 通常是通过表单（html）提交数据到 PHP 文件中从而实现数据的交互，但是不能实现 PHP 文件之间数据和文件的传输，所以，curl 的应用场景主要是 PHP 文件之间数据和文件的传输，如图 24-5（b）所示。

（a）　　　　　　　　　　　　　　　　　（b）

图 24-5　修改 PHP 配置文件

4. Python3 的下载与安装

众多开源科学计算软件包都提供了 Python 调用接口，可
以方便地使用成熟的工具。打开 Python（见图 24-6）官网

图 24-6　Python 图标

（https：//www.python.org/)，下载 Python3 的最新版本。如图 24-7 中选择 Python3.7.2
版本下载并安装。Python 语言的资料很丰富，感兴趣的同学可以慢慢自学。

 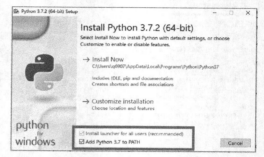

图 24-7　下载并安装 Python 环境

安装时注意要选择加入到 PATH 环境（Add Python 3.7 to PATH），把下方底部红色
框的位置选中，然后点击 Install Now，安装完成后推荐取消 Windows 命令行中一行最长
的字符长度的限制。

5. TensorFlow-CPU 版本的安装

使用管理员权限打开 Windows 的 cmd 或者 Windows powersell。可以在"开始"菜单
中输入 cmd，然后右击以管理员权限运行命令。pip 是 Python 的包管理工具主要用于安装
相关的软件包，如图 24-8 所示我们输入"install ＋ 模块/包名"格式的命令，注意中间要
有空格，然后回车：

pip install tensorflow

(a)

图 24-8　打开 cmd 窗口，输入安装指令

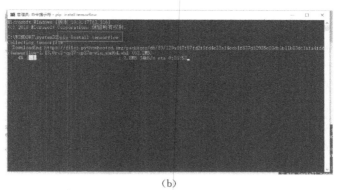

(b)

图 24-8　打开 cmd 窗口，输入安装指令（续）

Python 的安装盘要留有 2GB 以上的空间，为后续下载 TensorFlow 提供的模型进行编译做准备，稍等片刻安装自动完成，如图 24-9（a）所示。如果出现提示：不是内部或外部命令等信息，说明路径不对。需要找到 pip 安装路径。通常 Python2/Python3 安装路径是相同的，都在"盘符：\ Python xx \ Scripts"路径下，可在此路径下执行命令。

安装成功后因为软件升级较快所以还伴有一个警告，提示我们升级 pip 的版本，在 cmd 里面继续执行命令：python-m pip install--upgrade pip，如图 24-9（b）所示。

(a)

(b)

图 24-9　安装 TensorFlow 环境

至此 TensorFlow 框架已经安装完成了。如果出现需要重新安装 TensorFlow 的情况，建议先进行 pip uninstall tensorflow 操作，或者将包含 TensorFlow 内容的目录删除再安装。

6. TensorFlow 示例模型的下载与运行

TensorFlow 的模型下载地址为 https：//github.com/tensorflow/models，该仓库存放着一些比较常用的模型，官方已经帮助我们训练好并且做好示例的代码。如图 24-10 所示下载模型再解压缩并保存，然后调用即可。使用已经训练好的模型能利用前人的学习成果，帮助初学者降低学习难度，减少重复学习的时间。模型的安装路径需记好，后续修改服务器端脚本 tf.php 代码时需要用到。

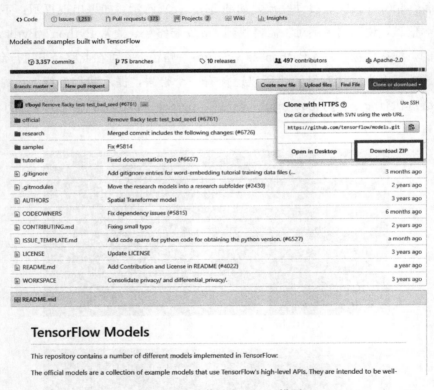

图 24-10　下载 TensorFlow 模型

8. PHP 配置与 HTTP 服务器启动

PHP 大多运行在网页服务器上，透过运行 PHP 代码来产生用户浏览的网页。PHP 可以在多数的服务器和操作系统上运行。PHP 带有内置的 HTTP 服务器，我们打开 cmd 或者 powershell，更换路径到 PHP 安装的文件目录下，在该位置输入命令，请注意 S 要大写：

```
php.exe -S 0.0.0.0：8088
```

该命令启动服务器 Server 监听所有对 8088 端口的 Web 服务请求，也就是设定 8088 作为 HTTP 的服务端口。如果启动失败可以修改 8088 为其他数字，但注意不要使用 Web 的默认端口 80（以免干扰其他系统服务）。图 24-11 所示的是 HTTP 服务器启动成功界面。执行成功后，按 Ctrl＋C 键结束服务器进程，我们进行进一步配置。

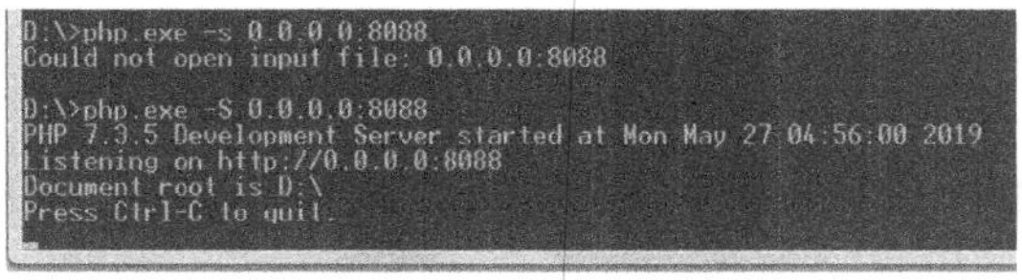

图 24-11　在本机启动 PHP Web 服务

图像识别应用开发

1. PHP 端脚本开发

图像识别的方法是我们使用下载的 TensorFlow 模型，对 PHP 接收的图片应用 Python 脚本进行处理。调用识别代码的路径参数请根据实际 moduls-master 所在路径自行进行调整，该目录是 TensorFlow 模型示例代码的位置。我们先进行一个应用测试如图 24-12 所示，首先将一张图片命名为 test. jpg，然后拷贝到 classify＿image. py 这个脚本的目录下，通常在盘符：＼models-master＼tutorials＼image＼imagenet 目录下，然后执行命令：

python classify＿image. py-image test. jpg

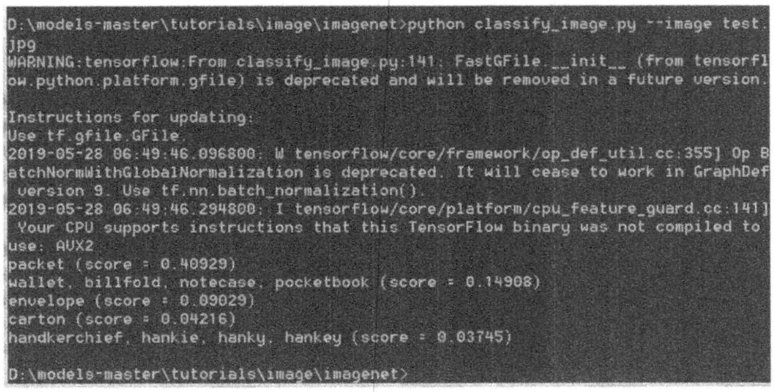

图 24-12　应用模型对指定图片进行识别

经过测试，我们后续要做的工作就是通过 PHP 接受上传的图片，然后对图片的路径进行处理后交由 classify＿image. py 脚本处理，并将结果返回。可参考的脚本如图 24-13 所示。

```
<? php
//产生图片随机名称
$ imgname=time () . rand (1000，9999);
//接收字节流
$ img=file _ get _ contents ('php：//input');
//保存文件名称
file _ put _ contents ($ imgname，$ img);
//拼接图片绝对路径
$ imgpath= _ _ DIR _ _ .'\\'. $ imgname;
//拼接命令全路径，注意要确定识别图像脚本所在路径位置
$ a= shell _ exec ('python D：\\ models-master \\ tutorials \\ image \\ imagenet \\ classify _ im-
age. py--image'. $ imgpath);
echo ($ a);
```

图 24-13　供参考的 PHP 端处理图像识别的脚本代码

生成此脚本后将该文件拷贝到 PHP 的安装目录下，并命名为 tf. php。其他浏览器等访问该脚本的 URL 是 http：//IP 地址：8088/tf. php。

我们需要查看本机 IP 地址，可在 cmd 中输入 ipconfig 命令将列出所有网卡的信息，通常本机的 IP 地址都是以太网显示的具体信息。通常我们使用 WiFi，因此被分配的地址经常会改变，如图 24-14 所示的 IP 地址是 172. 16. 109. 228。

后续在 App Inventor 中配置 Web 客户端访问的 URL 是 http：//172. 16. 109. 228：8088。

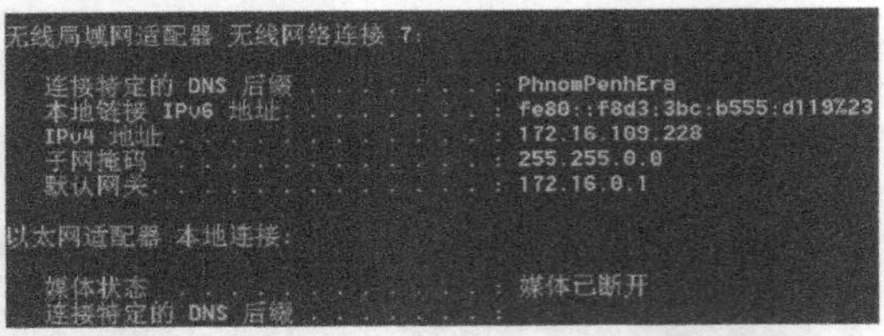

图 24-14　使用 ipconfig 命令查看网卡的信息

2. App Inventor 编程

我们使用简洁的操作界面设计：设计 2 个按钮、使用照相机组件、Web 客户端（上传图片至服务器）和标签（用于返回识别结果）。需要对 Web 客户端访问的网址进行修改。这个 IP 就是 PHP 脚本运行所在的 IP 地址，不可以把"http：//"协议省略。此处应该根据实际情况进行修改。Web 客户端的网址填写为："http：//172. 16. 109. 228：8088/tf. php"（IP 地址是 PHP 所运行设备地址），如图 24-15（b）所示。

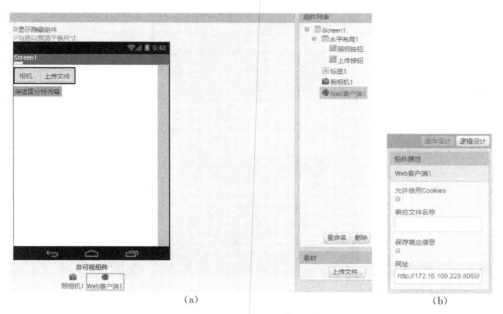

(a)　　　　　　　　　　　　　　　(b)

图 24-15　App Inventor 的组件设计

App Inventor 的逻辑设计如图 24-16 所示。

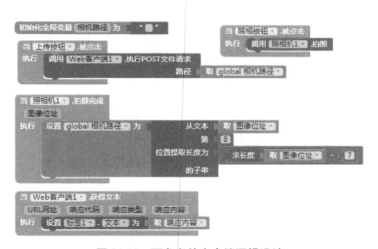

图 24-16　可参考的客户端逻辑设计

设计中要考虑两个问题：①拍照后把相片的路径保存起来，由于保存的路径是带有"file：//"协议的，而实际我们要的是图片的绝对路径，所以要进行字符串的截取，最后才能得到准确的路径。然后将它发送到服务器上进行图像的分析。②图片上传。当点击"上传文件"按钮，产生一个 POST 操作即将文件送到服务器，此时服务器并不会马上返回结果，它需要一定的处理时间，具体时间取决于服务器的运算速度和网络环境，运行流程如图 24-17 所示，score 代表的是拟合度，拟合度越高越准确。

1. 点击拍照　　　　　　2. 拍摄图片，然后单击服务器开始分析。　　　　3. 显示服务器返回结果

图 24-17　点击拍照，上传图片并显示识别分析结果

此时服务器端收到并处理的界面如图 24-18 所示。

图 24-18　PHP 服务器端收到请求，并进行处理

3. 分析出错的处理

对于图 24-19 所示类型错误，需要审查设计逻辑，确定截取的字符串的起始位置。对于图 24-20 所示的错误，要注意在 App Inventor 的 Web 客户端中输入的 IP 地址是否填错，或填写网址是否多出空格等问题。此外，PHP 服务器端也可能出现如下提示"Warning：Unknown：Input variables exceeded 1000. To increase the limit change max_input_vars in php. ini. in Unknown on line 0"。其意思就是输入（提交）的变量超过默认的 1000 个了，如果需要变更限制，在 php. ini 中搜索"max_input_vars"，把前面的分号（；）去掉，将 1000 改为 20000，最后重启 PHP 即可。

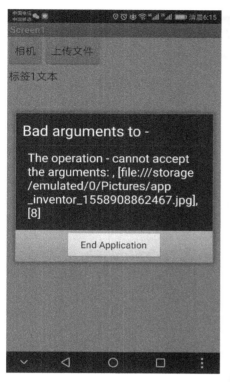

图 24-19　获取图片路径错误

图 24-20　上传图片服务器 IP 地址错误

 ## 使用百度云 API 进行物体识别

我们还可以使用公有云计算提供的相关物体识别接口进行图像的识别，相关接口每天有免费额度可供开发者调用，我们只需要注册一个账号，即可快速上云实现业务。以百度云为例，输入百度云图片识别网址（https：//cloud. baidu. com/product/imagerecogni-tion），进行注册或登录。选择创建应用或管理应用，如图 24-21 所示。

初始账号默认是没有应用的，需要开发者自行创建。输入相关内容，然后点击"保存"按钮即可。

现在可以使用百度的 SDK 进行服务端与百度云接口对接，使用 SDK 可以减少编程的代码量（https：//ai. baidu. com/sdk♯vis）。

选择一门熟悉的语言进行服务端编程，并且集成相关的 SDK 即可。这样可以代替TensorFlow 进行图像识别。本次选用 PHP 的 SDK 作为演示。

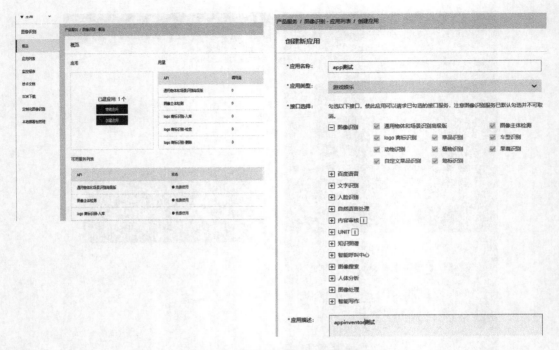

图 24-21　使用百度云创建识别应用

1. 资料准备

使用云进行识别相对简单，下载解压 SDK 到 PHP 项目安装目录，并且引入相关类库，配置好 SDK 需要的相关参数，按照 SDK 对应的示例代码调用即可。SDK 文件目录，将它解压到项目根目录下。我们新建文件 baiduocr.php，然后引用 SDK 文档上面的代码，如图 24-22 所示。

名称	大小	压缩后大小	类型
..(上层目录)			
lib	26.24 KB	7.32 KB	文件夹
AipOcr.php	33.25 KB	3.49 KB	PHP 文件
AipImageSearch.php	26.11 KB	2.31 KB	PHP 文件
AipFace.php	20.36 KB	3.17 KB	PHP 文件
AipNlp.php	12.87 KB	2.50 KB	PHP 文件
AipImageClassify.php	10.06 KB	1.83 KB	PHP 文件
AipBodyAnalysis.php	5.85 KB	1.76 KB	PHP 文件
AipKg.php	5.36 KB	1.44 KB	PHP 文件
AipImageCensor.php	5.07 KB	1.28 KB	PHP 文件
AipSpeech.php	3.18 KB	1.21 KB	PHP 文件
AipContentCensor.php	1 KB	1 KB	PHP 文件

(a)

图 24-22　调用百度 SDK，并创建识别脚本

lib	2019/4/22 13:49	文件夹	
AipBodyAnalysis.php	2018/12/7 16:18	PHP 文件	6 KB
AipContentCensor.php	2018/12/7 16:18	PHP 文件	1 KB
AipFace.php	2018/12/7 16:18	PHP 文件	21 KB
AipImageCensor.php	2018/12/7 16:18	PHP 文件	6 KB
AipImageClassify.php	2018/12/7 16:18	PHP 文件	11 KB
AipImageSearch.php	2018/12/7 16:18	PHP 文件	27 KB
AipKg.php	2018/12/7 16:18	PHP 文件	6 KB
AipNlp.php	2018/12/7 16:18	PHP 文件	13 KB
AipOcr.php	2018/12/7 16:18	PHP 文件	34 KB
AipSpeech.php	2018/12/7 16:18	PHP 文件	4 KB
baiduocr.php	2019/4/22 19:30	PHP 文件	1 KB

(b)

图 24-22　调用百度 SDK，并创建识别脚本（续）

调用相关的云计算接口需要获取 APP ＿ ID、API ＿ Key 和 SECRET ＿ Key，只需要打开控制面板，找到所创建的应用列表，查看对应应用就能确定相关的配置信息。然后打开 baiduocr.php，根据百度 AI 创建的应用，对应修改 APP ＿ ID、API ＿ Key 和 SECRET ＿ Key，如图 24-23 所示。

```php
<?php
require_once 'AipImageClassify.php';
// 你的 APPID AK SK
/*
 * const APP_ID = '你的 App ID';
 * const API_KEY = '你的 Api Key';
 * const SECRET_KEY = '你的 Secret Key';
 */
const APP_ID = '16196374';
const API_KEY = 'VsgAOfGgPoLVihYxZLRUDlEK';
const SECRET_KEY = '8O5NlBditKQDCWpwRKKU6ELjzezdmrWx';

$client = new AipImageClassify(APP_ID, API_KEY, SECRET_KEY);

$image = file_get_contents('php://input');

// 调用通用物体识别
$res = $client->advancedGeneral($image);
// $res = json_decode($res ,true);

foreach ( $res['result'] as $v){
    echo $v['root'],'、';
}
```

(a)

电脑 › 新加卷 (F:) › php-7.3.5-nts-Win32-VC15-x64		
名称	修改日期	类型
AipImageSearch.php	2018/12/7 16:18	PHP 源文件
AipKg.php	2018/12/7 16:18	PHP 源文件
AipNlp.php	2018/12/7 16:18	PHP 源文件
AipOcr.php	2018/12/7 16:18	PHP 源文件
AipSpeech.php	2018/12/7 16:18	PHP 源文件
baiduocr.php	2019/5/13 18:12	PHP 源文件
deplister.exe	2019/5/1 22:02	应用程序
glib-2.dll	2019/5/1 22:02	应用程序扩展
gmodule-2.dll	2019/5/1 22:02	应用程序扩展

(b)

图 24-23　修改 PHP 脚本

将脚本文件拷贝至 PHP 安装目录下，如图 24-24 所示。注意在 App Inventor 组件设计中修改 IP 地址，如：http：//192.168.1.102：8088/baiduocr.php。

图 24-24　调用百度云进行图像识别

通过上述操作，我们已经可以随时随地地对图片进行分析，而不用专门设定一个服务器对图片进行处理并操作，这就是云应用的优势。

小结

本节我们初步了解并使用 App Inventor 与 TensorFlow 等机器学习框架相结合，体验了人工智能应用的开发过程。后续，同学们还可以将机器学习的方法应用于其他方面，如试试对自己的书法进行识别，并打分噢。

附录 A

知识点列表

基础篇

Hi，喵星人（按钮、音效）

传情达意（短信收发器、Notifier）

音乐播放器（Player）

计算器（Math）

健康指数测试（逻辑判断 if-else、页面跳转）

钢琴大师（按钮、音效、画布）

实践篇

数码快拍（图像 Picker、图像精灵、Camera）

随手录（Camcorder、VideoPlayer）

电话诉衷肠（文本语音转换器）

世界大冒险（列表选择框、图像、Activity 启动器）

三色旗变换（List、随机数、for-range）

我是大画家——涂鸦（画布）

小鸡快跑游戏（计时器、图像精灵、ran 执行 m integer）

小猫捕鼠游戏（图像精灵、球形精灵、画布）

快乐拼图（图像精灵、画布）

打地鼠游戏（音效、计时器）

打兔子游戏（ran 执行 m integer、画布）

进阶篇

小球滚动（加速度传感器）

小秘书（短信收发器、微数据库、位置传感器）

吐豆人（图像精灵、画布、加速度传感器、计时器、球形精灵）

躲避过关游戏

开发篇

App Inventor 开发环境搭建

App Inventor 之 EV3 专用模块开发

应用人工智能框架快速开发智能应用

参考文献

在线资源

App Inventor MIT 官方网站：http：//appinventor. mit. edu/

App Inventor 安装使用教程：http：//appinventor. mit. edu/explore/content/setup-mit-app-inventor. html

App Inventor 入门课程指南：http：//appinventor. mit. edu/explore/teach. html

App Inventor 进阶指南：http：//explore. appinventor. mit. edu/tutorials

App Inventor 在线开发：http：//beta. appinventor. mit. edu/

中文 App Inventor 学习网站（台湾）：http：//www. appinventor. tw/

新浪微博中文开发交流：http：//weibo. com/92767093

中文书籍参考资源

王寅峰，许志良. App Inventor 实践教程——Ardroid 智能应用开发前传. 北京：电子工业出版社，2013.

反侵权盗版声明

　　电子工业出版社依法对本作品享有专有出版权。任何未经权利人书面许可，复制、销售或通过信息网络传播本作品的行为，歪曲、篡改、剽窃本作品的行为，均违反《中华人民共和国著作权法》，其行为人应承担相应的民事责任和行政责任，构成犯罪的，将被依法追究刑事责任。

　　为了维护市场秩序，保护权利人的合法权益，我社将依法查处和打击侵权盗版的单位和个人。欢迎社会各界人士积极举报侵权盗版行为，本社将奖励举报有功人员，并保证举报人的信息不被泄露。

举报电话：（010）88254396；（010）88258888
传　　真：（010）88254397
E-mail：　　dbqq@phei.com.cn
通信地址：北京市海淀区万寿路 173 信箱
　　　　　电子工业出版社总编办公室
邮　　编：100036